改变世界的
中国科技力量

大飞机制造

中国科学技术馆 / 编著

化学工业出版社
·北京·

图书在版编目（CIP）数据

大飞机制造/中国科学技术馆编著. -- 北京 ：化
学工业出版社，2025. 6. --（改变世界的中国科技力量
）. --ISBN 978-7-122-48062-0

Ⅰ. V262-49

中国国家版本馆CIP数据核字第2025LX9452号

责任编辑：龙 婧 徐华颖 装帧设计：史利平 插画：刘 伟
责任校对：李雨晴 文字编辑：蔡晓雅

出版发行：化学工业出版社
　　　　　（北京市东城区青年湖南街13号 邮政编码100011）
印　　装：中煤（北京）印务有限公司
710mm×1000mm 1/16 印张$7\frac{1}{2}$ 字数80千字
2025年10月北京第1版第1次印刷

购书咨询：010-64518888
售后服务：010-64518899
网　　址：http://www.cip.com.cn
凡购买本书，如有缺损质量问题，本社销售中心负责调换。

定　　价：58.00元 版权所有 违者必究

序·言

　　科技是国家强盛之基，创新是民族进步之魂。从新中国成立初期的科技奠基，到如今在全球科技舞台上崭露头角并成为具有重要影响力的科技大国，中国科技事业的每一步跨越，都凝聚着几代科研工作者的心血与智慧。为了让青少年真正读懂中国科技的发展脉络，感受创新背后的力量，激发他们对科学的热爱与探索热情，中国科学技术馆精心策划并编写了这套"改变世界的中国科技力量"科普丛书。

　　这套书是一扇"动态生长"的科技窗口——它不设固定的内容边界，将始终紧跟中国科技的创新步伐，把每一个新领域的突破、每一项新技术的成熟，及时纳入其中。无论是已聚焦的卫星导航、载人航天等领域的标志性成果，还是未来将解锁的更多前沿方向，我们都希望通过"讲清科技原理"与"展现实践价值"的结合，让青少年走近科技：从北斗导航如何为全球提供精准定位服务，到蛟龙号深潜深海时克服的技术难题；从生物医药攻关如何守护大众健康，到新能源技术怎样推动绿色发展转型……这些内容不仅源于中国科技的真实实践，更试图连接青少年的学习与生活，让他们明白科技不是遥远的"专业术语"，而是能切实改变世界、改善生活的创造力。

　　为了让这份"科技对话"更有温度、更具深度，我们联合了各领域的权威专家与资深科普工作者：专家团队以严谨的学科素养把控内容的科学性，确保每一个知识点都经得起推敲；科普工作者则用启发式的语言、生动写实的插图，打破"纸上谈兵"的局限，让晦涩的前沿知识变得可感可知。

　　同时，我们还为这套书的难点内容配套了讲解视频，以二维码链接的形式呈现在书中，读者扫码即可"走进"科技馆，直观感受科技的神奇，进一步加深对知识的理解与记忆。我们始终相信，科普不该是静态的知识传递，而应是互动式的探索引导，策划这套书的初心，便是为青少年搭建这样一个"可触摸、可思考"的科技平台。

我们期待，这套书能成为青少年了解中国科技创新的桥梁：当他们读到科研工作者攻坚克难的故事时，能感受到自立自强的精神力量；当他们理解某项技术如何从设想变为现实时，能激发探索未知的好奇心。或许今天，他们是在书中解锁科技知识的读者；未来，他们会成为投身科技实践、为中国科技添砖加瓦的创造者。

最后，衷心感谢每一位参与丛书编写的专家与科普工作者——是你们的专业与用心，让这份"科技邀约"得以落地；也感谢化学工业出版社的鼎力支持，让这套书能顺利与读者见面。

现在，不妨翻开书页，一起走进中国科技的世界，见证那些改变世界的中国科技力量，也期待大家与我们一同迎接更多未来的科技惊喜。

中国科学技术馆
CHINA SCIENCE AND TECHNOLOGY MUSEUM

探索大飞机制造

自1903年莱特兄弟的"飞行者一号"颠簸升空，到今日翼展80米的空中巨无霸穿梭云端，人类用百年光阴将飞行从冒险家的游戏转化为文明的空中走廊。在这段波澜壮阔的征程中，大飞机始终扮演着关键角色——它不仅是现代工业的皇冠明珠，更是人类认知边界不断拓展的实体见证。

你可能坐过飞机，但未必知道——你乘坐的不仅是一架交通工具，更是一座会飞的科技城堡：从驾驶舱里闪烁的屏幕到货舱里固定的集装箱，从发动机轰鸣的核心到机翼末梢的微小弧度，我们会用最通俗易懂的语言，揭开大飞机背后的科技奥秘。

这本书里有什么？

本书内容围绕10个问题展开，带你深入探索大飞机的奥秘。

1. 大飞机的发展史：从第一架飞机的诞生到目前先进机型的出现，回顾人类在航空领域的不懈探索。从木头帆布飞机到现代高科技飞机，见证人类如何将"不可能"变为"日常"。

2. 世界航空史的宝贵经验：从战争到和平，从客运到全球物流，飞机如何重塑人类生活？其他国家的航空经验又有哪些值得借鉴之处？

3. 大飞机的家族体系：为什么有的飞机圆润丰满，有的却纤细如燕？每种飞机的设计特点和用途有何不同？

4. 空客A380与波音787的理念对垒：空客A380和波音787各有特色，它们的设计理念为何不同？这种差异背后蕴含着怎样的市场逻辑与技术背景？

5. 大飞机的结构：带你认识飞机的"骨架""肌肉"和"神经系统"。飞机窗户为什么是圆形的？比棉花还轻却比钢铁结实的材料又藏在何处？

6. 大飞机的航空系统：从驾驶舱的按钮到卫星信号，解读飞机如何在空中精准导航、通信。了解航空通信系统的基本构成，包括无线电通信、雷达和空中交通管制等。

7. 大飞机的运营与维护：揭秘深夜机库里那些堪比CSI探案的检修现场，了解飞机的日常维护与安全保障机制。

8. 运-20的腾飞之路：从运-10的研制到停飞，再到运-20的崛起，看中国如何从历史经验中汲取力量，用"中国心"托起战略投送平台。

9. C919的飞天奇迹：回顾我国大飞机发展战略、政策支持以及C919的研发历程，看它如何克服重重困难，通过适航认证，成为中国航空工业的骄傲。

10. 大飞机的未来趋势：展望大飞机设计、材料和技术的发展方向，更轻的复合材料、更智能的飞控系统，乃至氢燃料动力和变形机翼设计，都可能成为未来飞机的技术特征。

为什么写这本书？

航空知识不该是枯燥的公式图表，而应该像乐高积木般有趣，像侦探小说般引人入胜。本书特别注重启迪青少年的思维方式：在解析飞机结构时引入拓扑优化理论，讨论材料选择时融入可持续发展理念，分析航空经济时建立系统工程视角。当读者理解客舱舷窗圆角设计中的力学原理，或是航空燃油配方改进需要有机化学与热力学的双重突破时，跨学科思维的火花或将点燃他们探索未知的激情。

写给谁看？

- 学生朋友：书里的物理知识比课本更鲜活，说不定能点燃你的科学梦想；
- 科技爱好者：系统了解航空工业的全貌，做朋友圈里的"飞机百事通"；
- 旅行达人：看懂飞机上的每个设备，了解航班延误背后的技术原因；
- 所有好奇者：满足你对"天上那些事"的所有疑问。

写作过程中，我们始终坚信优质的科普作品应该像飞机的翼形剖面——既有严谨的科学曲线，也要保持轻盈的思想升力。在本书中，专业术语将被转化为可触摸的工程实景，复杂公式将被解构为直观的物理图景。当读者读完最后一页时，希望他们不仅记住了飞机参数或历史事件，更能获得两种宝贵的认知视角：用系统思维理解复杂工程，以人文情怀感知技术创新。国产大飞机的终极价值，在于让航空技术红利普惠民生。运-20在各类救灾中的卓越表现，C919未来对西部空中交通的改善，都彰显着"大国重器"的温度。当国产客机降低高原航线成本，当生物航油技术惠及支线航空，科技才能真正服务于人的自由流动与均衡发展。回望来时路，中国大飞机的发展启示我们：工业强国的崛起没有捷径，需要"板凳甘坐十年冷"的坚持，更需要将国家意志转化为市场活力的制度创新。科技创新从来都是无数人用热情与智慧编织的温暖事迹。

目·录

大飞机的发展史

Hello!

它比刚才过去的那班大一些哈……

飞机是现代交通工具的重要代表，实现了人类的飞行梦想。从早期飞行器到如今的大型客机，大飞机的发展历程充满挑战与创新。它不仅改变了人们的旅行方式，更在军事、商业、科技等领域产生了重大影响。接下来，我们将回顾大飞机的发展过程，了解从早期飞行器到现今各类大飞机的重要成就。

飞机鼻祖——莱特兄弟与第一架飞机的诞生

大飞机的诞生是一个漫长而艰辛的过程，其历史可追溯至19世纪末，彼时飞机的概念已在众多科学家的心中悄然萌芽。然而，真正的飞行技术突破发生在1903年。美国的莱特兄弟——奥维尔·莱特与威尔

莱特兄弟制造的第一架飞机——"飞行者一号"

伯·莱特，在那一年成功证明了人类可以通过机械装置实现持续、有动力、可控制的飞行。

1903年12月17日，在北卡罗来纳州的基蒂霍克海滩，莱特兄弟驾驶自制的"飞行者一号"（Flyer 1）完成了具有里程碑意义的首次试飞。尽管飞行时间仅为短暂的12秒，飞行距离也仅有36.5米，但这一壮举无疑标志着人类飞行史上的重要一步。这次成功，源于莱特兄弟无数次失败的实验与不懈的探索。他们历经多年，深入研究空气动力学、飞行控制技术及动力系统，最终克服了重重困难，迎来了这一历史性的时刻。

莱特兄弟的"飞行者一号"是世界上首架由动力装置驱动且能实现可控制飞行的飞机，虽然飞行时间短、距离有限，但仍为后续的航空科技进步奠定了坚实的基础。这一历史性的突破让莱特兄弟被誉为"飞行之父"，并标志着人类飞行史翻开了崭新的一页。

初期的飞行发展与军事需求的推动

尽管莱特兄弟的成功标志着人类飞行事业取得了重大突破，但在1900～1910年，航空领域仍处于发展的初级阶段。早期的飞机设计相对简陋，结构不够稳定，飞行过程中的安全性和可控性均存在显著不足。同时，飞行员的培训体系也尚未完善，缺乏标准化的训练方法和经验丰富的教官。然而，正是在这样的背景下，众多航空先驱坚持不懈地进行着探索与尝试，逐步攻克一个又一个技术难关。

随着时间的推移，飞机的应用领域不断拓宽，尤其在军事需求的强劲驱动下,其设计与制造迈入了崭新的阶段。第一次世界大战期间,飞机迅速崛起成为战场上的关键角色,最初被委以侦察和轰炸等军事重任,这些应用不仅极大地丰富了飞机的功能,更为其后续的发展注入了强大的动力。

飞机从早期的侦察机型,逐步进化为涵盖战斗机、轰炸机等多用途先进机型。德国、英国、法国等欧洲各国在战斗机和轰炸机的设计制造领域展开了激烈的竞争。在此期间,飞行技术与飞机制造工艺均取得了飞速的发展。尤为值得一提的是,大型飞机的设计与飞机制造迎来了前所未有的革新,飞行员们告别了简陋的单座飞行器,转而驾驭起更为复杂且功能强大的飞行平台。

大飞机的雏形:20世纪30年代的商业航空

步入20世纪30年代,航空业在军事需求的强劲推动下,开启了民用航空的新篇章。飞机逐渐摆脱了单纯的军事工具角色,转型为商用交通工具,这一转变为大飞机的诞生打下了坚实的基础。

商业航空的蓬勃发展,促使飞机设计日益复杂化,航程、载重量、飞行速度等性能指标均得到了显著提升。至20世纪30年代末,世界首架大型商用客机——道格拉斯DC-3横空问世,它凭借卓越的性能,迅速成为当时民航界的佼佼者,广泛应用于全球各大航线。

虽然战斗机和轰炸机的迫切需求极大地促进了飞行技术的飞跃,但大型运输机的设计制造同样为民用飞机的进步提供了宝贵的技术支持。

喷气式飞机与现代航空的飞跃

喷气式飞机的出现，彻底革新了民用航空的发展。相较于活塞发动机飞机，喷气式飞机以其更高的飞行速度和更远的航程，为大飞机的迅猛发展铺平了道路。

20世纪40年代末，英国的"彗星"机型、美国的波音707与道格拉斯DC-8等喷气式客机相继投入使用，标志着喷气式飞机时代的大幕正式拉开。尤为值得一提的是，1958年波音公司推出的波音707，作为世界上首款商业喷气式客机，其设计使得洲际航班成为可能。波音

707凭借其高速飞行能力和大载客量，极大地推动了国际航空旅行的发展。

喷气机技术无疑是推动飞机进步的关键科技成果。第二次世界大战期间，英国、美国、法国、德国、意大利及苏联等多个国家在喷气机技术方面取得了显著成就。德国的Me262战斗机作为世界上首款投入实战的喷气式战机，引领了军事航空的新潮流。与此同时，英国的"流星"式喷气式战斗机也崭露了头角。喷气式发动机的引入，为飞机注入了前所未有的强大动力，极大地提升了飞机的整体性能。

在民用航空领域，波音公司凭借波音737与波音747系列客机，傲立于全球商用飞机之巅，树立了商业航空的新标杆。与此同时，军事航空领域也在飞速发展，飞机的飞行速度、飞行高度及航程等关键指标不断被刷新。美国的SR-71"黑鸟"侦察机，曾以3529.55千米/时的速度创造了世界纪录；苏联的米格-25战斗机则以37650米的飞行高度创造了令人瞩目的新纪录。此外，隐身飞机与垂直/短距起降飞机等新型战机的研发，也成为军事航空领域的热门焦点，引领着未来空战的新趋势。

以计算机为核心的现代科技给飞行控制系统带来了革命性的变革，现代飞行控制技术不仅大幅减轻了飞行员的操作压力，还能智能辅助驾驶，甚至可以引导飞机完成一系列复杂的特技飞行动作。

随着喷气式技术的日益成熟，飞机的体形逐步扩大，客舱内的座位数量、航程距离以及燃油效率等关键指标均得到了持续优化。波音、空客等航空巨头相继进军商业航空领域，凭借技术创新引领大型客机的发展进入新的阶段。

大型客机的黄金时代：波音747与空客A380

20世纪70年代，民用航空迎来了飞行史上一个极具里程碑意义的时刻。波音747，这架被誉为"空中巨无霸"的飞机正式投入使用。它凭借庞大的机身与独树一帜的双层客舱设计，颠覆了传统客机的设计理念，开创了大型远程喷气式客机的新纪元。

迈入21世纪的大门，空客公司推出了另一款巨型客机——A380。A380凭借其庞大的身躯，一举夺得了目前世界上最大客运飞机的桂冠。这个数字不仅体现了A380在设计上的卓越成就，也展现了其在飞行运营中的高效率。

现代大飞机的发展趋势：环保与技术的融合

随着全球对环保议题的日益重视，现代大飞机的设计理念更加聚焦于燃油效率与环境保护。波音787"梦想客机"与空客A350等新一代机型，纷纷采用了更为轻盈的复合材料，这一创新举措不仅大幅降低了燃油消耗，提升了能源利用效率，还有力地减少了碳排放，为蓝天之旅增添了一抹绿色。

波音787广泛应用复合材料，实现了飞机重量的显著减轻，并辅以新型发动机及创新的流线型机翼设计，相较于同类飞机，其燃油消耗降低了约20%。此外，波音787巧妙融合了中型飞机的灵巧与大型飞机的远航能力，能够以音速85%的速度飞行，具备卓越的点对点远程直飞性能，无须中途经停即可跨越遥远距离。

空客A350在材料革新上迈出了巨大步伐，广泛采用复合材料、钛合金及新一代铝合金，其中复合材料的运用比例高达53%。空客依据这些材料的独特性能，精准地将它们应用于机体的各个关键部位。复合材料的广泛应用，大幅度削减了对机体疲劳与腐蚀的频繁检查需求。

与此同时，航空技术的进步让飞行系统日益智能化与自动化。现代大飞机不仅在硬件配置上精益求精，在飞行控制系统、机载娱乐系统等软件层面亦进行了诸多创新，乘客的舒适体验与飞行安全水平因此得到了前所未有的跃升。

从莱特兄弟的"飞行者一号"那简陋却充满梦想的起飞，到如今波音787、空客A350等先进机型的翱翔天际，再到中国的C919，大飞机

的发展历程不仅是技术迭代与创新的见证，更是人类不懈追求飞行梦想与探索天空的壮丽史诗。每一次的尝试与挫折，都是通往成功之路不可或缺的基石。尽管当前的大飞机已拥有庞大的身躯与卓越的性能，但随着技术的持续进步与全球航空市场的日益拓展，我们有理由相信，未来的大飞机将更加环保、高效，甚至能够跨越更为遥远的距离。

　　未来的大飞机或将深度融合更多前沿创新技术，智能化、环保理念、极致舒适与高效能的完美结合，势必将引领航空业步入一个前所未有的崭新纪元。

"冯如1号"飞机模型

  冯如（1883—1912），广东恩平人，被誉为"中国航空之父"。他不仅是中国第一位飞机设计师、制造者和飞行家，更是中国航空事业的开拓者。1909年9月21日，冯如驾驶自己设计的"冯如1号"飞机在美国旧金山奥克兰附近的派德蒙特山丘成功首飞，完成了中国人首次驾驶自制飞机的载人动力飞行。"冯如1号"飞行距离约800米，这一壮举标志着中国航空纪元的开始，也为世界航空史增添了浓墨重彩的一笔。"冯如1号"飞机全长约7.43米，翼展约7.62米，机高约2.45米，机身框架、机翼翼梁、翼肋和螺旋桨均采用木材制作，发动机则采用金属材料。这架飞机的设计和制造充分体现了冯如对航空技术的深刻理解与创新精神。如今，中国科技馆主展厅四层环廊展出的"冯如1号"飞机模型（1：4比例），由中国航空专家参阅大量历史资料，历时半年多仿制而成。该模型严格按照当年的材料和工艺制作，尽可能还原了"冯如1号"的气动设计和结构工艺，为现代人了解百年前的飞机制造提供了重要参考。

展品："冯如1号"飞机模型

世界航空史上的诸多里程碑，皆源自人类对飞行的执着梦想与不懈探索。从莱特兄弟首次飞行试验的成功，到喷气式飞机乃至超音速飞机的诞生，这段历程无不彰显着创新与勇气，是驱动技术飞跃的双翼。科学家、工程师与飞行员勇于挑战传统、甘冒风险，将那些看似遥不可及的梦想，一步步转化为震撼人心的奇迹。

1907 年——世界第一家航空工厂创建

1903 年，美国莱特兄弟的成功飞行并携"飞行者一号"飞机于欧洲巡演，激发了欧洲对飞机研发的极大热情。1905 年 10 月，国际航空联合会（FAI）在巴黎成立，汇聚了比利时、法国、德国及英国等诸多国家的力量。1907 年，法国伏瓦辛兄弟开创性地建立了全球首家飞机制造工厂，此举标志着"飞机工业"时代的正式开启。

1909 年 7 月，法国飞行员布雷里奥驾驶飞机飞越英吉利海峡，耗时 36 分钟，飞行距离达 41.9 千米，这一成就标志着历史上首次国际飞行的圆满完成。同年 8 月 22 日，法国兰斯迎来了首次盛大的航空博览会，共有 38 架各式飞机精彩亮相，展现了当时航空技术的蓬勃发展。1910 年 3 月，法国飞行员法布尔设计的水上飞机成功进行了试飞，这一创新不仅意味着飞机能够在水面上自如起降，更为飞机的应用领域开辟了全新的天地。

在这一时期，航空学的基石——空气动力学得以确立，为飞机的改进、广泛应用及大型化发展提供了有力支撑。1913 年，美籍俄罗斯裔

世界首款四发双翼轰炸机

飞机设计师西科斯基成功制造出世界上首架四发大型飞机，谱写了航空领域的新篇章。

1908 年——世界第一家商业航空公司创立

1900 年，德国著名飞行器设计师费迪南·冯·齐柏林成功打造出一艘容积逾万立方米、最大起飞重量高达 13 吨的硬壳飞艇，该飞艇展现出卓越的飞行可控性和稳定性。1908 年，经过持续优化的飞艇被齐柏林用作交通工具，他创立了全球首屈一指的商业航空公司——齐柏林飞艇公司，正式开启了客运航班的运营。1910年，齐柏林更是开创了世界上首条定期空中航线，连接德国法兰克福与杜塞尔多夫。

此外，齐柏林还精心打造了两艘巨型飞艇——"齐柏林伯爵"号和著名的"兴登堡"号，这些飞艇主要用于连接欧洲与南美以及美国之间的商业航线。1929年，齐柏林的"格拉芙·齐柏林"号飞艇完成了震撼人心的环球之旅，历时21天7小时34分，自美国新泽西启航，途经德国、苏联、中国、日本，最终圆满降落于美国洛杉矶。"兴登堡"号作为当时世界上最大的飞艇，长达245米，直径41米，容积20万立方米，可容纳75名乘客。20世纪20至30年代，全球共制造了超过460艘飞艇，其中德国188艘，法国100艘，美国86艘，英国72艘，展现了飞艇技术的蓬勃发展。

1909 年——莱特公司创建

1906年，莱特兄弟的"飞行机器"荣获美国专利，于1909年11月在纽约正式注册成立了美国首家飞机制造企业——莱特公司（Wright Company），并在俄亥俄州代顿市郊精心打造了专门用于飞机批量生产的工厂。1910年，美国飞行员驾驶着莱特兄弟精心设计的双翼飞机完成了首次航空货运飞行，开航空物流的先河。1914年，在圣彼得堡与坦帕之间成功实现了首次载客飞行，所用的飞机是先进的贝诺伊斯特水上飞机（由美国航空先驱托马斯·贝诺伊斯特设计）。1915年，美国政

贝诺伊斯特水上飞机

府成立了国家航空咨询委员会（NACA），为航空领域的发展提供了坚实的支撑与指导。

1910年——中国航空工业起步

　　早在1907年，冯如便在美国创立了"广东制造机器公司"，并于1911年毅然将其迁回祖国，秉持着"壮我国体，挽回利权"的崇高宗旨，将其更名为"广东飞行器公司"。在此之前，1910年，清政府在北京南苑率先建立了中国首座机场和首家飞机修造厂。1913年北洋政府开设了国内第一所航空学校。

　　1918年2月，北洋政府海军部在福建马尾创建了飞机制造厂，正式开启了水上飞机的设计与制造之旅。孙中山先生对航空事业寄予了厚望，在辛亥革命期间推动革命军组建了四支航空队。

1920年，中国迎来了首条民用航线的开通，这条航线连接了北京与天津，标志着中国民用航空事业的起步。同年11月，孙中山先生发出了"航空救国"号召，并在国民政府内部设立了航空局。

1923年，杨仙逸成功试飞了中国首架军用飞机——"洛士文1号"，这一壮举赢得了孙中山先生的高度赞誉，他亲手书写"航空救国"条幅并在报纸上发表，以此激励全国人民共同为航空事业的发展贡献力量。

1949年，英国"彗星"喷气式客机首飞

1949年7月27日，英国德·哈维兰公司研制的"彗星"喷气式客机成功首飞，这是航空史上的重要里程碑。第二次世界大战以后，民用航空仍以螺旋桨飞机为主，英国希望在该领域取得突破。凭借"吸血鬼"喷气式战斗机的经验，德·哈维兰公司于1946年开始设计"彗星"客机。该机型采用四台劳斯莱斯"幽灵"涡扇发动机，飞行速度远超当时的活塞发动机客机，还配备加压机舱，可搭载36名乘客在高空飞行，且巡航速度快。1952年5月2日，"彗星"客机正式投入商业运营，开辟了伦敦至约翰内斯堡的定期客运航线。

然而，1953～1954年，"彗星"客机因机身疲劳断裂发生了多起空中解体事故导致其停飞，德·哈维兰公司进行了重新设计和改进。

尽管"彗星"客机最终未能取得商业成功，但它开启了民用航空的喷气时代，为后续喷气式客机的发展提供了宝贵经验。

1970年——空中客车公司创立

1970年12月，法国与德国携手创立了空中客车GIE（Groupement d'Intérêt Économique，共同经济利益集团），这是依据法国法律构建的独特组织形式——合伙人不仅是公司的股东，更是紧密的工业合作伙伴。这种模式使得各方能够充分发挥自身优势，共同加快项目进展。

创立之初，空中客车GIE便启动了全球首款宽体双发喷气式客机A300的研发项目。该项目具有划时代的意义，它不仅在技术上实现了突破，还开了跨国合作研制大型民用飞机的先河。在研发过程中，空中客车GIE逐步从一个专注于特定项目的临时性组织，转变成为一个拥有独立法人地位的实体。这一转变标志着空中客车GIE正式登上全球航空产业的舞台，并开始在全球范围内拓展业务，与美国波音公司等传统航空巨头展开竞争。

随着时间的推移，空中客车GIE不断发展壮大，其产品线日益丰富，涵盖了从短程到远程、从窄体到宽体的各类客机。公司通过持续的技术创新和市场拓展，在全球航空产业中占据了举足轻重的地位。空中客车GIE的成功不仅体现了欧洲航空工业的团结协作精神，也展示了跨国合作在现代工业发展中的巨大潜力。

20世纪90年代，俄罗斯便着手启动了一款大型客机的研发项目。该项目由三大核心设计单位共同担纲，除了广为人知的图波列夫设计局与伊留申设计局外，还包括了享誉全球的雅科夫列夫设计局。然而，伴随着企业的多次重组与架构调整，项目的实际推进步伐显得颇为迟缓，飞机的命名亦是几经更迭，最终定格为MC-21。直至2008年，MC-21客机的设计方案才得以初步定型，正式迈入研发制造的阶段。

为了彰显与西方接轨的决心，同时为未来顺利获取欧美民航局的适航认证并加速研发进程，MC-21客机在初始设计阶段便采用了双发动机配置策略，除了自主研发的PD-14发动机外，还引入了美国普拉特·惠特尼公司的PW1400G发动机，这一举措无疑为MC-21增添了更多国际化的色彩与竞争力。

步入新世纪之初的2000年，苏霍伊公司在莫斯科创立了苏霍伊民用飞机公司，专注于民用航空领域的发展，实现了与母公司军用业务的完全剥离。为了加速融入西方民航市场，俄罗斯苏霍伊民用飞机股份有限公司与波音公司精诚合作研发了苏霍伊超级100客机，这是俄罗斯首次依照西方严格的适航标准，精心打造的一款民用飞机。新公司摒弃了俄罗斯传统的运营模式，汇聚了来自苏霍伊设计局、伊留申设计局以及图波列夫设计局的技术力量，而波音公司则以资深顾问的身份，为项目提供了宝贵的经验支持。

21世纪——世界各国航空发展

（1）巴西自主研发多功能运输机KC-390

尽管巴西尚未跻身发达国家之列，但其在军工领域已取得了显著进展，尤其在航空工业方面表现突出。2022年，欧盟启动了一项招标计划，旨在为其多个成员国采购新型战术运输机，以更新换代老旧的C-130等机型。在这场激烈的竞争中，巴西自主研发的KC-390运输机凭借其卓越的性能，被视为最具竞争力的候选者之一。

KC-390是一款设计精良的双发动机运输机，采用高单翼与T形尾翼的设计，其空重约23.6吨，最大起飞重量则高达74.4吨，有效载荷可达26吨。据制造商披露的数据显示，KC-390运输机能够轻松搭载多达80名士兵，或是64名全副武装的伞兵，货舱可容纳3辆悍马装甲车或一架UH-60"黑鹰"直升机，充分满足了绝大多数常规战术运输任务的需求。更为灵活的是，通过简单的配置调整，KC-390还能执行消防灭火、医疗物资运输、搜救行动以及空中加油等多种复杂任务，展现了其作为一款多功能运输机的强大实力。

（2）日本主导研发支线客机MRJ

多年来，日本一直在波音等国际航空巨头的供应链中扮演着外包业务的重要角色，例如波音787机体的35%零部件由日本企业精心制造。三菱重工集团作为日本军工产业的龙头，不仅负责日本国产的战斗机研制，还具备组装改造美国F-15战斗机的能力。迈入21世纪后，三菱重工集团更是成立了专注于航空领域的三菱航空机株式会社。

MRJ是由三菱重工主导研发的支线客机，其设计方案早在2004年便公之于众。MRJ系列包括MRJ-70（70～80座）和MRJ-90（86～96座）两大机型，每种机型又分为基本型、延程型(ER)和远程型(LR)，旨在满足不同客户的多元化需求。2015年11月11日，MRJ在名古屋机场成功完成了首飞，但遗憾的是，由于后续的一些重大设计调整，该项目的交付计划多次推迟，三菱重工在2021年决定正式终止该项目。

（3）加拿大庞巴迪航空公司自研CS300

加拿大的航空史中，庞巴迪公司以其独特的创新传统占据了核心地位。1986年，庞巴迪公司战略性地收购了加拿大航空工业公司，这一举措不仅吸纳了行业的顶尖人才，还巧妙地融合了全球飞机制造的精髓。在接下来的六年里，庞巴迪的实力与声誉均有了显著提升。

在民航客机领域，庞巴迪突破传统支线与干线航班中2-2或3-3的座椅配置，创新性地引入了2-3的座椅布局。然而，为了稳步前行，庞巴迪初期选择了相对保守的策略，推出了125座的CS100与150座的CS300两款机型，并对外宣称它们主要服务于支线航班。这一策略巧妙地掩盖了庞巴迪的真正意图——研发能够与空客A320和波音737相抗衡的跨洲干线飞机CS500，进而在全球航空制造业中占据一席之地，与波音和空客形成三足鼎立之势。

在CS300的研发中，庞巴迪更是将飞行员体验提升到了新的高度。

飞行器的操纵杆被革新性地设计成游戏机式的摇杆，摒弃了传统的滑杆设计。同时，飞行控制台配备了三块超大尺寸的LCD屏幕，为飞行员提供了前所未有的视野与操作便捷性。此外，庞巴迪还贴心地为飞行员加装了"iPad"作为飞机信息管理系统，即EFB（电子飞行包），进一步提升了飞行的智能化与人性化水平。

波音系列飞机的机头设计存在一个颇为显著的问题：其机头呈现出钝角形态，这与空气动力学原理并不十分契合。然而，若要对这一设计进行修改，不仅会对机舱内部布局造成重大影响，还需重新培训飞行员，这无疑加大了调整的难度。相比之下，庞巴迪公司自设计之初便采用了流线型机头，整机设计严格遵循空气动力学原则，从而有效规避了波音在这一领域的设计短板，直观展现了其在飞机设计领域的卓越优势。

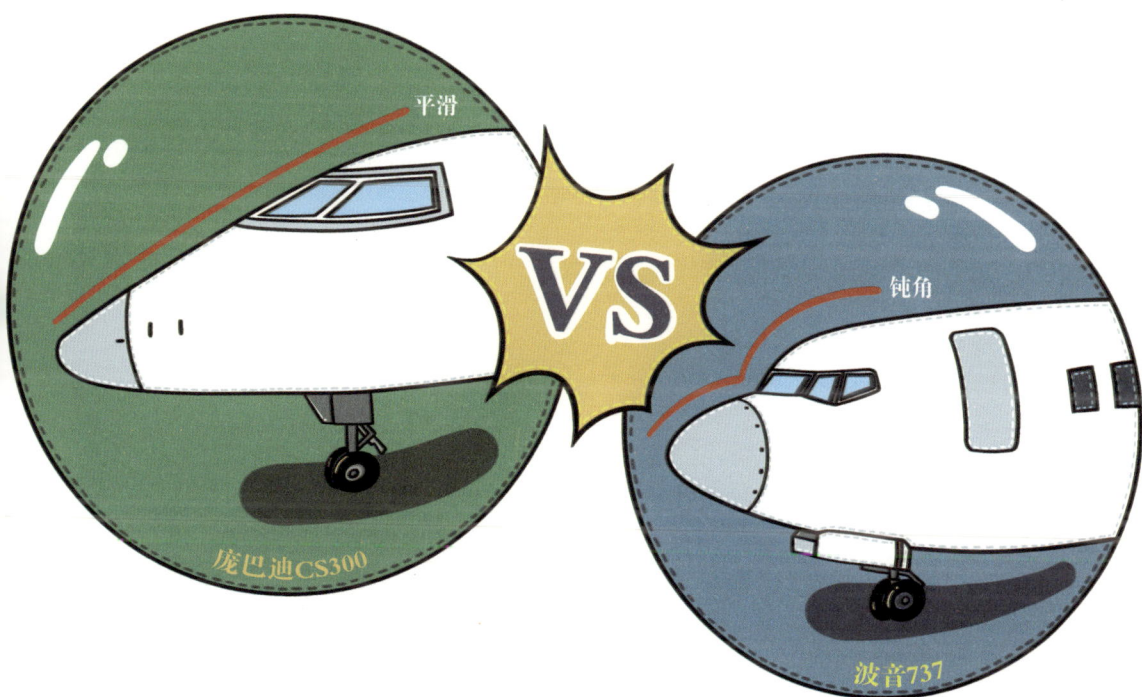

平滑

VS

钝角

庞巴迪CS300

波音737

庞巴迪的飞机业务堪称业界后起之秀，其CRJ与DASH-8系列飞机虽源自收购，却在庞巴迪的手中发扬光大。而挑战者600（CL-600）更是成了挑战者系列公务机的奠基之作。在此基础上，庞巴迪进一步研发出了CRJ100及后续的CRJ700，不仅在技术上有所革新，更显著的特点在于机身的加长设计，实现了系列的优化与升级。

　　俄罗斯、巴西、日本及加拿大在大飞机领域未能如波音和空客那般占据领导地位，但在支线飞机、小型客机以及零部件技术等多个维度上均积累了丰富的经验。

　　世界航空史如同一部丰富的宝典，记录了创新突破、技术进步、安全保障、国际合作以及强大适应力等诸多宝贵经验。这些经验不仅极大地推动了航空业的蓬勃发展，更对其他行业乃至整个社会的进步产生了深远的影响。

揭秘大飞机的
家族体系

大飞机通常指最大起飞重量超过100吨的运输类飞机，包括军用大型运输机、民用大型运输机，以及航程3000千米以上的军用飞机和载客量超过100人的民用客机。从地域划分来看，中国将150座以上的客机称为"大型客机"，而国际航运体系则习惯将300座以上的客机定义为"大型客机"，这种分类主要取决于各国的航空工业技术水平。

中国民用航空局根据飞机座位数将其划分为大、中、小型飞机：100座以下为小型飞机，100～150座为中型飞机，150座以上为大型飞机。此外，大型飞机按航程又分为短程、中程和远程飞机：航程在2400千米以下为短程，2400～4800千米为中程，4800千米以上为远程。需要注意的是，这些分类标准是相对的。

① 波音系列：波音737、波音777、波音787、波音747等。波音作为美国航空业的老牌巨头，以成熟可靠的技术和庞大的全球服务网络著称，其产品线覆盖从短途单通道的737家族（全球最畅销客机，历经多代升级，凭借高性价比和通用性占据干线市场主力）到远程宽体的777（双发之王，以长航程和可靠性成为跨洋航线核心）、787"梦想客机"（采用大量碳纤维复合材料，主打二线城市直飞需求，座舱舒适性和燃油效率突出）。

② 空客系列：A320、A330、A350、A380等。空客作为欧洲联合品牌，以颠覆性技术挑战波音。A320家族是全球首个电传操纵单通道客机系列，系列化设计灵活，最新系列换用高效发动机，在窄体机市场占据优势；A350比波音787更轻更耐用，凭借罗罗发动机和先进座舱设计抢占长距离航线；曾推出的A380"空中巨无霸"虽因枢纽模式衰退停产，却彰显了其敢于突破的野心，整体靠技术革新和模块化设计在

各细分市场与波音分庭抗礼。

③ 庞巴迪系列：作为加拿大的"支线隐形冠军"，庞巴迪公司选择深耕两大巨头优势领域之外的细分领域。其 CRJ 系列和 Q 系列涡桨飞机专注短途通勤，起降灵活、省油耐用，服务于偏远地区和小城航线，曾自主研发的 C 系列（现空客 A220）填补了市场的空白。在高端公务机领域，环球系列和挑战者系列占据领先地位，靠"小而精"的策略在支线和公务机市场形成了与波音空客差异化竞争的独特生态。

飞机机型按从小到大可分为以下几类：涡桨支线客机、喷气支线客机、双发窄体机、双发宽体机、三发宽体机和四发宽体机。

（1）涡桨支线客机

这类飞机通常配备涡轮螺旋桨发动机，适合短途航线。其优势在于起飞和降落所需跑道较短，能够在小型机场起降；同时燃油效率高，适合低客流量航线。主流机型包括法国的 ATR72、加拿大庞巴迪的 DASH8，以及国内基于运-7 研制的新舟 60。

ATR72 与 DASH8 相似度较高，通常通过发动机的长短来区分，发动机较短的是 ATR72，发动机较长的是 DASH8。新舟 60 这款飞机的辨识度更高，主要特点是发动机的侧面有排气口。

（2）喷气支线客机

这类飞机采用涡轮喷气发动机，通常用于中短程航线。其优势在于飞行速度较快，舒适度高。目前主要运营的机型包括庞巴迪的 CRJ 系列和巴航工业的 ERJ 系列。这类飞机的主要特点是发动机安装在尾部。两款飞机主要是在发动机的长短上进行区分，发动机较长的为 ERJ 系列飞机，发动机较短的为 CRJ 系列飞机。

此外，国产商飞生产的ARJ21飞机也是喷气支线客机的重要代表。其显著特点是APU（辅助动力装置）排气口位于机身后方右侧，且发动机外形更加"圆润"。ARJ21是中国自主研发的喷气支线客机，采用先进的航空电子系统和环保技术，完全符合国际民航标准。该机型具备70～90座的客容量，航程约3700千米，巡航速度为0.7马赫（1马赫约等于340米/秒，即声速），能够适应多种机场环境，主要用于国内外中短途航空运输。

（3）双发窄体机

这类飞机的主要特点是配备两台发动机，机身相对较窄，适合中短途航线。其优势在于运营成本较低，灵活性强，能够在多种机场起降，广泛应用于国内和国际航班。双发窄体机是我们最常见的客机类型，也被称为单通道飞机。目前，单通道飞机占全球客机总量的70%，其航程通常为6000千米，载客量一般为160～180人。与支线飞机相比，这类飞机体形明显更大，例如波音737、A320和C919等，通常是航空公司机队中规模最大的飞机。

波音737以可靠性和经济性著称，适用于短途和中途航线，提供多种型号以满足不同客流需求。其显著特征是起落架较短，离地间隙较小，因此发动机底部设计为扁平形状，而非标准圆形。

空客A320系列则拥有更大的机舱空间和现代化的航空电子系统，提供更高的舒适性和燃油效率，广泛用于短途和中途航班。与波音737相比，A320的起落架更长，离地间隙更大，发动机为标准圆形，且机头设计更加圆润。

大飞机的发动机采用圆形设计，机头采用圆润形状，主要是为了提高气动效率，减少空气阻力。这种设计能够优化气流，降低飞行阻力，提升燃油经济性。此外，圆形发动机结构更为坚固，能够承受高压和高温。机头的圆润形状还增强了飞机的稳定性和操控性，减少湍

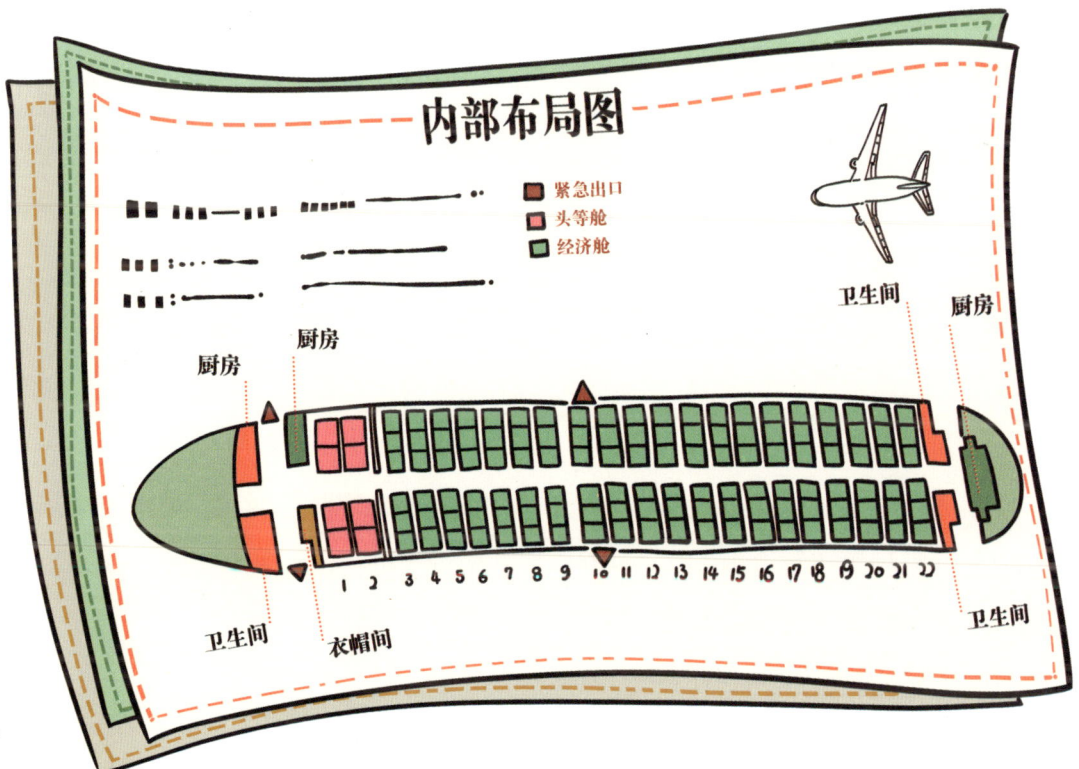

内部布局图

■ 紧急出口
■ 头等舱
■ 经济舱

厨房　厨房

卫生间　厨房

卫生间　衣帽间

1 2 3 4 5 6 7 8 9 10 11 12 13 14 15 16 17 18 19 20 21 22

卫生间

流影响，确保飞行安全。这些设计特点显著提升了现代大飞机的性能和经济性。

与前两款单通道窄体机相比，我国自主研发的C919在机头设计上更具气动流体性，挡风玻璃到雷达罩的过渡更加自然，并配备了融合式翼梢小翼。C919是中国商飞研发的单通道喷气式客机，旨在满足中短途航空市场需求。其客座能力为158～174人，最大航程约5555千米。C919采用先进的航空电子系统和复合材料，具备高燃油效率和低排放的特点，符合国际民航标准。

（4）双发宽体机

这类飞机配备两台大推力发动机，适合中长途航线。其优势在于载客量大，通常用于跨洲际航班，适合长时间飞行。与窄体机相比，宽体机更为宽大。如果你乘坐的飞机内部有两条过道，那就是宽体客机，也称为双通道客机。宽体客机除载客外，还拥有较大的货舱空间，适合运输更多货物，从而增加航空公司的收益。此外，宽体客机通常提供更宽敞的座椅和更大的人均空间，显著提升乘客的舒适体验。

现阶段主流的宽体客机包括波音公司的波音777、波音787和波音767，以及空客的A330和A350。宽体客机的制造商几乎只有空客和波音两家。区分空客和波音飞机的最佳方式是观察频闪灯的闪烁频率：空客的频闪灯通常每分钟闪烁90次，而波音的频闪灯则为每分钟闪烁75次。这一特点可以帮助飞行员和地面人员快速区分两种飞机，而且频闪灯在白天和黑夜都会开启，主要作用是提高飞机在飞行和停机时的可视性，确保其他飞行器和地面人员能够及时识别飞机的位置和状态，这对于避免碰撞和提升安全性至关重要。

（5）三发宽体机

这类飞机配备三台发动机，通常用于需要额外安全保障的航线，具有较高的安全性和冗余性——即使一台发动机失效，飞机仍能安全飞行，适合中长途航线。例如DC-10和MD-11，其显著特点是将一台发动机安装在垂直尾翼上。

HS-121（三叉戟）是德·哈维兰公司为了英国欧洲航空公司（British European Airways）研发的一款短途运输客机。1962年1月9日首飞，1964年开始投入使用，共生产117架。作为第一款三引擎客机，它实现了部分自动驾驶功能，主要服务于英国欧洲航空、英国航空和中国民航。曾作为政府专机使用，直到20世纪90年代停止运营。

三发宽体客机布局存在显著缺陷：尾部发动机的维护复杂、气动阻力导致燃油效率偏低，且随着双发发动机推力技术的突破，其"安全性与经济性平衡"的优势迅速被双发宽体机（如波音777、空客A330）取代，最终因市场竞争力不足退出客运领域，仅少量货机改型延续，成为航空史上特定技术阶段的标志性产物。

（6）四发宽体机

这类飞机配备四台发动机，通常用于长途航线，其优势在于出色的航程和载重能力，适合大规模运输，常用于货运或长途客运航班，代表性机型包括波音747、空客A380和A340-500等。

① 波音747最显著的特点是机头及机身前端采用双层半额头设计，被誉为"空中女王"。作为许多航空公司的旗舰机型，波音747统治航空市场长达50年，至今仍承担着许多国家高层领导出行的专机任务，肩负着特殊的政治使命。此外，货运版本的波音747F仍然是许多物流公司的主力机型，顺丰航空所使用的运营飞机便是其中之一。

② 空客A380被誉为"空中巨无霸"，是世界上最大的民用客机。其特点是采用双层机身设计，整机高度相当于8层楼。空客A380有豪华单间、娱乐设施、酒吧和淋浴间等高端配置。然而，由于运营A380的经济成本过高，它逐渐被更高效的空客A350、波音787和波音777等机型取代。

③ 空客A340-500与A330同期研发于20世纪80年代，其外观与A330相似，但它配备了四台发动机。由于机身修长，A340-500被戏称为"法棍"。然而，由于运营成本过高，该机型逐渐退出民航客机市场。

除了民用客机，还有一类飞机称为军用飞机。

军用飞机大致分为六种：战斗机、攻击机、轰炸机、作战支援机、军用直升机、军用无人机。

（1）战斗机

在国内又被称为歼击机，按主要用途可分为制空战斗机和多用途战斗机。制空战斗机主要用于空战，例如米格-31、米格-21和歼-8等。然而，由于功能单一，这些制空战斗机大多已被多用途战斗机取代。多用途战斗机除了空战外，还能执行对地攻击、护航和侦察等任务，其气动布局（如鸭翼、边条翼）与矢量推力技术赋予其超强机动能力，可完成"普加乔夫眼镜蛇"等过失速机动；航电系统集成有源相控阵雷达（AESA）、红外搜索跟踪装置（IRST）与高速数据链（如北约Link-16），实现超视距空战（BVR）与战场信息共享。

多用途战斗机的代表机型包括F-22、F-35、苏-35和歼-20。与制空战斗机相比，多用途战斗机采用先进技术，通常配备最新的航空电子设备、雷达系统和武器系统，具备高速度、高机动性以及较长的作战半径，任务执行能力更强。

（2）攻击机

又称强击机，与战斗机的主要区别在于作战目标，作战高度和飞行速度。相较于战斗机，攻击机更多地用于低空和超低空作战，直接支援地面部队。其飞行速度较慢，便于攻击大量低价值的地面目标，打击精度从百米级提升至米级。尽管易受地面防空火力威胁，但在反恐战争中，其低速盘旋能力与实时火力支援优势无可替代，是陆军巷战、反装甲作战的关键空中支援力量。代表性机型包括A-10、强-5和苏-25等。

（3）轰炸机

又称空中堡垒，以其庞大的体形、巨大的载弹量和超远航程著称。按载弹量可分为轻型、中型和重型三类。轻型轰炸机载弹量约为5吨，航程在3000千米以下，目前已完全被战斗轰炸机（属于多用途战斗机的一种）取代；重型轰炸机（战略轰炸机）载弹量在10~30吨，航程可达5000~10000千米；中型轰炸机的性能介于两者之间。

最具代表性的机型是B-2隐形轰炸机，它以远程投送火力为核心，分战略与战术两级。① 战略轰炸机，航程超8000千米，载弹量20~40吨，具备核常兼备能力——既能量产投放无制导炸弹（如"地毯式轰炸"），也可精准发射防区外武器（如联合防区外空地导弹，射程超900千米）。② 战术轰炸机，侧重中近程精准打击，载弹量8~15吨，近年多向"战斗轰炸机"转型，依托光电瞄准吊舱与高速数据链，实现"发现即摧毁"的快速打击循环。

（4）作战支援机

它是为歼击机、强击机、轰炸机等作战飞机提供技术支援的飞机，包括侦察机、预警机、空中加油机、电子对抗飞机、教练机、无人驾驶飞机和反潜巡逻机等。这些飞机在战场上为作战飞机提供情报、预警、燃料补给、电子干扰、训练支持以及反潜巡逻等关键支援。

（5）军用直升机

军用直升机种类繁多，主要包括武装直升机、运输直升机、搜救直升机、反潜直升机和通用直升机等。其中，武装直升机是现代军事力量的重要组成部分。

武装直升机被誉为"坦克杀手"，具备携带多种武器、攻击火力强、机动性好和突袭能力突出等特点。最具代表性的机型是美国的RAH-66"科曼奇"隐身武装直升机、法国的AS-365"海豚"直升机、美国的UH-60"黑鹰"直升机以及中国的武直-10等。

（6）军用无人机

军用无人机是21世纪新型军用飞机，广泛应用于情报侦察、军事打击和信息对抗等多个领域。与有人驾驶飞机相比，无人机不仅造价低廉，而且操作员的训练周期更短、费用更低，具有显著的成本优势。无须担忧人员风险，通过遥控或自主控制执行高危长时任务，代表未来战争智能化方向。① 侦察无人机分高空长航时与战术近程两种类别；② 攻击无人机集侦察与打击于一体，配备光电转塔（红外/可见光摄像头）与空地导弹，可在目标区域滞留数小时，实施"发现-确认-攻击-评估"闭环作战；③ 特种无人机包括自杀式、蜂群无人机（可集群编队干扰敌方雷达）与舰载无人机（为航母舰载机空中加油）。军用无人机正从"辅助角色"升级为"主战力量"。

我国推出的彩虹5无人机，是中国航天科技集团自主研发的一款中高端大型察打一体无人机。其载重超过500千克，可连续飞行40小时以上，而升级版的续航能力可达120小时，最大飞行距离超过1万千米。彩虹5无人机可作为小型低成本预警机，执行联合地面监测、指挥控制、电子信息侦察与对抗、战场综合态势感知等任务。

飞翔蓝天·浩瀚无限！GO~

空客 A380 与波音 787
为何会产生理念对垒？

长期以来，空客与波音两大巨头依托深厚的客户数据积累与市场研究底蕴，他们对行业需求的洞察往往颇为精准，但并非无懈可击，预测失误时有发生。空客A380与波音787的设计初衷，便是这一规律的生动体现。

空客坚信，航空业的未来依旧寄托于大型航空枢纽间的洲际航线，为此，航空公司亟需更大、航程更远的飞机以降低单位运输成本并提升盈利能力，于是推出了空客A380。与此同时，波音则持不同观点，他们认为未来小型轮辐式枢纽将不断涌现，二线城市间的点对点航线将成为主流趋势，航空公司需要的是一款既能远航又高效节能的飞机，以适应这些"瘦长型"航线需求，故而推出了波音787。

然而，事态发展并未全然吻合当时的预判。空客A380项目未能如愿实现盈利，反而陷入亏损泥潭；反观波音787，则赢得了市场的热烈反响，取得了斐然的商业成就。接下来，让我们共同回顾这两款机型的研发历程。

空客A380的历程

1996年4月，欧洲空中客车公司启动A380研发，这款四发超大型远程宽体客机最大载客量可达850人，航程远达15200千米。

2005年4月27日，空客A380成功完成首飞。

2007年10月25日，A380正式投入商业运营。

2009年7月9日，新加坡航空开通首条A380航线，连接新加坡樟

宜与中国香港。

　　A380在性能提升上下足了功夫，广泛采用复合材料，优化气动设计，并配备了新一代发动机、先进机翼及起落架，有效减轻了结构重量，降低了燃油消耗与排放。相较于传统机型，A380的每公里油耗与二氧化碳排放量显著减少，运营成本也随之降低。此外，其客舱环境舒适，飞行噪声远低于国际民航组织（ICAO）规定的噪声标准，是首架每位乘客每百公里油耗低于3升的远程客机，媲美经济型家用车的油耗水平。

　　融合先进空气动力学技术的机身设计，使A380在飞行中展现出高效稳定的性能。在典型的三舱布局下，A380能容纳500～550名乘客，无论是头等舱、商务舱还是经济

舱，均能为旅客提供舒适的空间。

　　A380未能如愿为空客公司带来丰厚利润，其中很大的原因在于其庞大的载客量设计是为了优化"中心辐射运输模式"。空客研发之初，曾预估该运输模式将持续繁荣。但航空业却向点对点直达航线转型——乘客能够直接飞往目的地，省去了中转的麻烦。尽管A380的设计能大幅降低每客公里的运营成本，但在点对点直达航线的效率比拼中，它仍显逊色。因此，自21世纪初期开始，大型客机（尤其是超过400座）的订单量逐渐下滑。与此同时，宽体双发飞机不仅提供了相似的航程，还具备更高的燃油效率，使航空公司能够以更低的初始投资成本获得更大的运营灵活性和效益。

波音 787 是美国波音公司倾力打造的全球首款超远程中型客机，于 2009 年 12 月 15 日首飞，于 2011 年 9 月 26 日交付全日空航空公司投入商业运营。该机型采用两层座位布局，可容纳 242 ~ 335 名乘客，专为长途飞行而设计。

在市场竞争中，波音 787 的主要对手为空客的 A350 和 A330neo。回望其发展历程，该机型最初名为 7E7，直至 2005 年 1 月才更名为波音 787。2007 年 7 月 8 日，波音 787 在埃弗雷特工厂首次公开亮相。其研发与生产汇聚了全球众多供应商的广泛合作，最终组装工作在华盛顿州埃弗雷特工厂及南卡罗来纳州北查尔斯顿的波音工厂完成。

波音 787 融合了声速巡航飞机的尖端技术与诸多经典机体设计理念。尤为突出的是，该机型的大部分机体结构，包括机身与机翼，均采

用了复合材料而非传统的铝合金材料，并广泛引入了钛合金，使得复合材料在飞机整体重量中的占比高达50%。这一创新设计不仅赋予了波音787更为流线型的外观，还显著提升了其飞行性能。

复合材料相较于铝合金，展现出显著的优越性：它们具备出色的耐疲劳性和抗腐蚀性，且密度低于铝合金，拥有更高的比强度，易于实现定制化设计。这些特性使得波音787的维修成本远低于同类飞机，并在提升最大飞行速度、节约燃料消耗及减轻环境压力方面表现突出。

波音787被誉为"梦想客机"，是一款集现代科技之大成的客机。与A380相比，波音787在经济性、噪声控制、航程及材料技术方面展现出明显优势。由于波音787的设计初衷和市场定位与A380相异，它采用了单层载客甲板设计，因此在载客量与机身尺寸上不及A380。

从机型分类的角度审视，A380与波音787分属不同的类别。依据FAA（美国联邦航空管理局）的进近速度标准，两者均被归类为E类飞机。但就机身尺寸而言，波音787系列中，波音787-300归入Ⅳ类，波音787-800则归为Ⅴ类，而空客A380则被归为Ⅵ类。这一分类差异反映了两者对机场设施的不同需求，显然，波音787对机场的要求更为宽松，能够在更多机场起降，为航空公司开辟新航线及实施灵活运营策略提供了更多选择。

FAA的进近速度划分，是基于飞机着陆时接近机场的速度来界定的，旨在根据飞机的飞行性能差异，确定其对机场和空域的适应性。FAA据此将飞机分为不同类别，这些分类直接决定了飞机能在哪些类型的机场进行运营。具体而言，FAA的进近速度分类主要依据飞机着陆时的参考速度。

A380 与波音 787 截然不同的发展理念的碰撞

（1）设计哲学：规模经济 vs 灵活效率

空客A380的设计思路建立在"枢纽辐射模式"的基础上。空客认为，随着全球人口增长和洲际贸易愈发频繁，航空业会更依赖少数几个超大型枢纽机场来集中客流，通过超大型飞机实现规模化运输以降低单位成本。这种理念让A380有了"巨无霸"的定位——它采用四引擎、双层客舱设计，最多能容纳853名乘客，目的就是通过单次飞行搭载更多乘客，降低每个座位的燃油消耗。空客的核心目标是"用规模换效率"，设计上讲究"大而全"，希望通过技术优化让超大型飞机更经济。

而波音787的设计思路基于"点对点模式"。波音认为未来旅客会更喜欢直达航线，二线城市的国际直飞需求也会增加，传统枢纽可能会因为拥堵和效率问题失去优势。所以，波音787的特点是中型宽体、双引擎、长航程，设计核心是"小而精"，凭借轻量化机身、高燃油效率和较低的运营成本，让航空公司能灵活开辟新航线，不用依赖枢纽中转。

（2）市场定位：超大型枢纽 vs 中型潜力市场

A380瞄准高密度、高流量的黄金航线，如伦敦-纽约、迪拜-悉尼等传统枢纽间的"超级航线"。其目标客户是拥有成熟枢纽网络的顶级航司，这些公司需要借助A380的品牌效应和载客量优势提升高端服务竞争力。然而，A380的局限性在于其高度依赖枢纽的持续繁荣，且初始投资成本高昂，导致中小型航司望而却步。

波音787则定位为"全能型选手"，既能执飞长距离跨洋航线，也能适应中等流量的二线城市直飞。其单价显著低于A380，且运营成本更具弹性。波音将客户群体扩展到传统巨头之外的中型航司和新兴市场，这些客户更看重飞机的多用途性和投资回报率。波音787的"高性价比"使其在订单量上远超A380，成为中型宽体机市场的霸主。

（3）技术创新路线差异

A380选择的技术路线是"渐进式创新"。尽管其应用了复合材料和先进气动设计（复合材料占比25%），但整体架构仍延续了四发宽体的传统思路。四发设计虽提升了冗余安全性，却导致燃油效率低于双发机型。空客的保守源于对超大型飞机可靠性的重视，但也使其在燃油经济性上难以与波音787竞争。

波音787则选择了"颠覆性创新"，其技术突破集中在材料与动力系统上。

① 复合材料革命：机身50%采用碳纤维复合材料，大幅降低重量并提升结构强度。

② 电气化系统：以电力取代传统液压驱动，减少机械故障点。

③ 发动机升级：搭载罗罗Trent 1000或通用GEnx引擎，油耗比同类机型低20%。

④ 客舱体验：更大的舷窗、更高的舱内湿度，缓解长途飞行的疲劳感。

这些技术使波音787的航程达到14800千米，同时保持低运营成本，成为"远程中型客机"的标杆。

A380与波音787的竞争，是航空业从"规模至上"转向"精准高效"的缩影。空客的失误在于过度依赖历史经验，而波音的成功源于对市场变化的敏捷响应。这一对垒揭示了一个核心规律：在技术快速迭代与需求多元化的时代，灵活性与创新力比规模更具竞争力。

作为航空领域的后来者，中国展现出惊人的研发效率，C919的问世便震撼了全球。然而，我国仍面临核心技术国产化及飞机制造产业链完善的挑战。尽管如此，鉴于国家对航空工业的高度重视及一系列相关计划的发布，中国在航空技术研发的道路上正加速前行。

大飞机的结构是什么样的？

2023年5月28日，由我国自主研发的C919大型客机执行首次载客飞行任务，东航MU9191航班从上海虹桥国际机场起飞，经过近两小时的飞行后，在北京首都国际机场平稳降落。机上100多名乘客共同见证了这一历史时刻，标志着我国民用航空工业迈入新阶段。那么，这样一架现代化大型客机是如何构建的呢？

虽然不同用途的飞机在设计上各有特点，但其基本结构主要由以下核心部件组成：机身、机翼、尾翼、起落架和发动机。这些部件的具体设计和配置取决于飞机的预定用途和性能要求。

（1）机身

机身作为飞机的主体结构，采用高强度轻量化设计，既要承受飞行

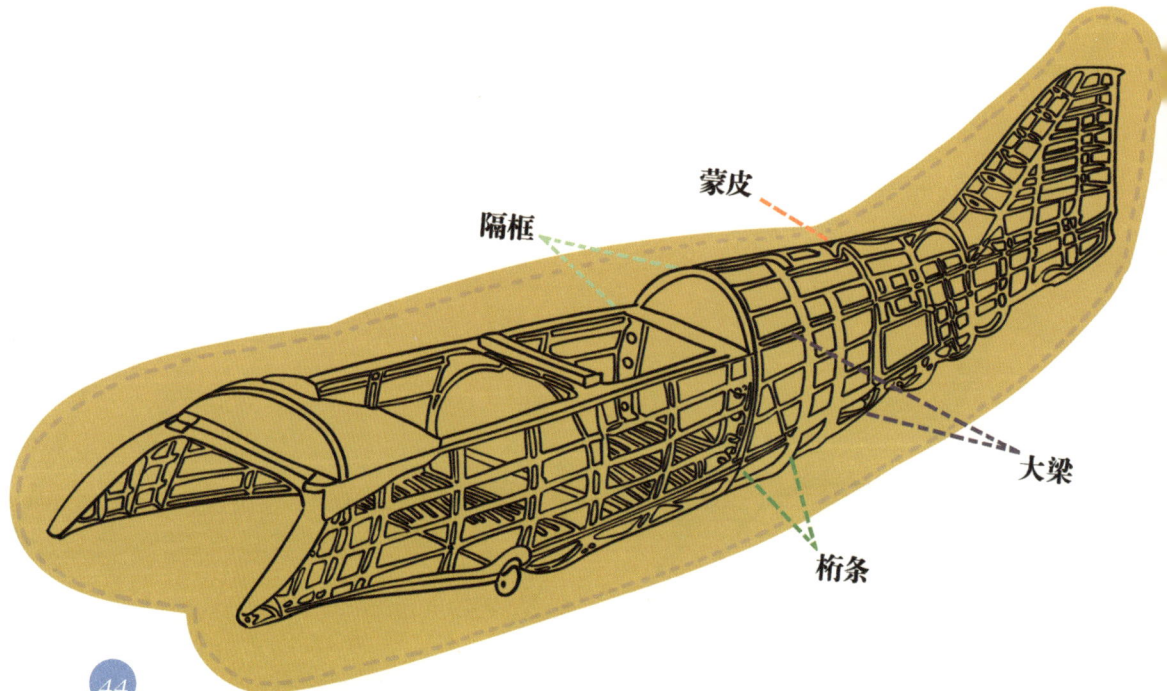

蒙皮

隔框

大梁

桁条

中的各种载荷，又要符合空气动力学要求以降低飞行阻力。现代飞机机身采用模块化设计，各部件通过铆接、螺栓连接、焊接或胶接等方式组合，形成完整的承力结构。机身前部设有驾驶舱，是机组人员的工作区域；后部则为客舱和货舱，用于搭载乘客和货物。

飞机机身结构主要分为三种类型：构架式、半硬壳式和硬壳式。

构架式机身：早期飞机由于飞行速度较低，多采用此结构。这种结构以四根纵向梁为主体，配合直支柱、斜支柱和横支柱等构件形成空间桁架承力系统。外部覆盖棉布或亚麻布蒙皮，用于形成气动外形并承受局部气动载荷，主要载荷由空间桁架的各构件通过拉压作用传递。

半硬壳式机身：由数根强度较高的大梁、强度相对较低的桁条、较薄的蒙皮以及隔框构成。当机身承受弯曲载荷时，弯矩产生的轴向力主要由大梁承担。蒙皮与桁条共同组成的壁板因截面积较小且抗压稳定性不足，仅能承担弯矩所引起的一小部分轴向力。

硬壳式机身：通过框架和隔框形成机身外形，主要依靠蒙皮承受结构应力。由于取消了纵向加强构件，因此蒙皮必须具备足够的强度来保证机身刚性。这种结构的主要缺点是结构重量较大，因此在现代飞机设计中已较少采用。

（2）机翼

机翼结构主要由翼梁、桁条、翼肋和蒙皮等部件组成。其中，翼梁由上下缘条和腹板通过铆接而成，翼肋固定在翼梁腹板上，桁条连接于翼肋之间，蒙皮则覆盖并铆接在翼梁缘条、翼肋和桁条上，形成完整的受力结构。

在机翼结构中，各部件主要承担两个基本功能：一是构成并维持既定的气动外形；二是承受飞行过程中产生的剪力、弯矩和扭矩等载荷。翼肋和蒙皮是决定机翼外形的关键部件，翼肋的剖面形状依据选定的翼型设计制造。

现代机翼结构的设计和材料选择需要综合考虑气动性能、结构强度、飞行控制特性以及燃油经济性等多重因素，以确保飞机在各种飞行状态下都能保持最佳性能。目前，除少数低速飞机仍采用双翼布局外，绝大多数现代飞机采用单翼构型。

单翼机根据机翼在机身上的位置可分为上单翼、中单翼和下单翼三种形式。

从气动性能来看，中单翼布局的干扰阻力最小，上单翼次之，下单翼最大。从机身内部空间利用率来看，上单翼布局最优，是因为上单翼飞机的机翼连接结构位于机身上部，不会影响机身内部空间的利用；中单翼的翼梁需要穿过机身中部，对内部空间利用有一定影响；下单翼飞机虽然机身内部可用空间较大，但位于机身下部的翼梁会限制机翼下方部件的尺寸。但下单翼布局便于将发动机安装在机翼下方，有利于发动机的维护。

（3）尾翼

尾翼的主要功能包括以下几方面。

① 保持飞机纵向平衡。

② 提供纵向和方向稳定性。

③ 实现纵向和方向操纵。

尾翼由垂直尾翼和水平尾翼组成，典型设计包括尾锥、安定面和操纵面。其中，安定面由水平安定面和垂直安定面组成，操纵面则包括方

蒙皮

翼肋

前缘缝翼
前缘襟翼
飞行扰流板
后缘襟翼
副翼
机翼

向舵和升降舵。

尾翼的设计与配置需经过精确计算和严格测试，飞机设计工程师需综合考虑空气动力学特性、飞机重心位置以及气流对尾翼的作用等多重因素，通过科学的设计，确保飞机在不同飞行状态下稳定且操作性能优良。

（4）起落架

起落架是保障飞机在地面滑行、起飞和着陆安全的关键结构装置。主要由支撑机身重量的主起落架和支撑机尾的尾轮（或尾橇）组成。其中，主起落架承担着飞机绝大部分的重量和着陆冲击载荷，尾轮或尾橇通常用于小型飞机和轻型飞机，以辅助飞机在地面的平衡和操控。

飞机起降过程中，起落架的工作原理如下。

① 展开与收起：飞机起飞前，起落架展开以提供地面支撑；起飞后，在飞机达到安全高度时收起，以降低空气阻力，提高飞行效率。着陆前，起落架再次展开，确保着陆的稳定性和安全性。

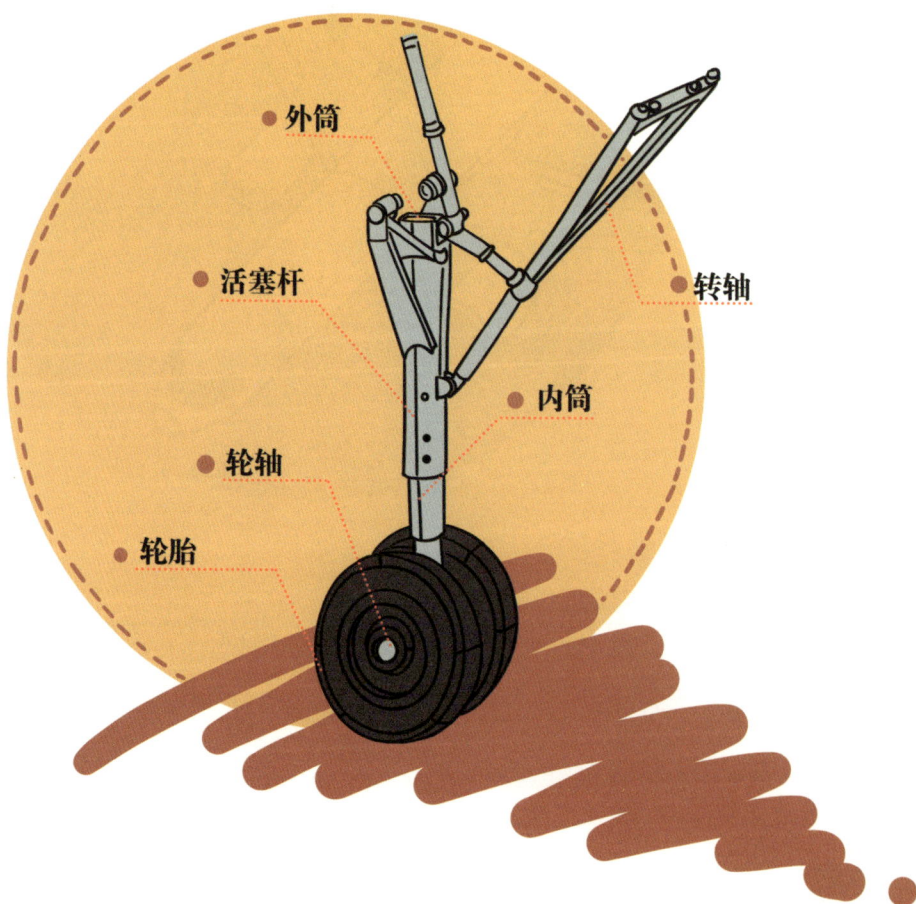

外筒

活塞杆

转轴

内筒

轮轴

轮胎

② 支撑功能：主起落架支撑飞机主体重量，尾轮或尾橇则支撑机尾部分，保持飞机在地面的平衡。

③ 缓冲减震：起落架配备的减震装置可有效吸收飞机着陆时的冲击能量，确保平稳着陆。

④ 制动控制：起落架配备的刹车系统可在着陆后控制飞机滑行速度，实现安全制动。

起落架布局形式主要分为两种：前三点式起落架（主起落架位于重心前方，前轮位于机头下方）和后二点式起落架（主起落架位于重心后方，尾轮支撑机尾）。此外还有较少见的自行车式起落架和多支点式起落架。

早期螺旋桨飞机普遍采用后三点式起落架布局。后三点式起落架虽然结构重量较轻，但存在地面转弯灵活性不足的缺点，且在紧急制动时容易发生飞机"拿大顶"（机头触地）的危险。因此，现代飞机已很少采用这种布局。

（5）航空发动机

我国著名航空发动机专家陈光先生曾将航空发动机比喻为飞机的"心脏"，这一比喻恰如其分。1903年，莱特兄弟发明的飞机之所以具有划时代意义，正是因为他们首次将发动机应用在飞行器上。随着航空发动机的诞生，人类才真正开启了征服天空的征程。

我们就是大飞机那颗强壮的"心脏"

随着航空技术的发展，活塞式发动机时代到来。活塞式发动机的工作原理基于四个冲程构成的"工作循环"：在进气冲程中，活塞下移吸入新鲜空气；压缩冲程中，活塞上移压缩空气，提高混合气体的可燃性；做功冲程中，火花塞点燃混合气体，产生高温高压推动活塞下移，将热能转化为机械能；排气冲程中，活塞再次上移排出废气，为下一个循环做好准备。

活塞式发动机通过曲轴输出动力驱动螺旋桨产生推力。然而，当飞机速度达到700千米/时时，螺旋桨产生的阻力将超过其推力，限制了速度的进一步提升。

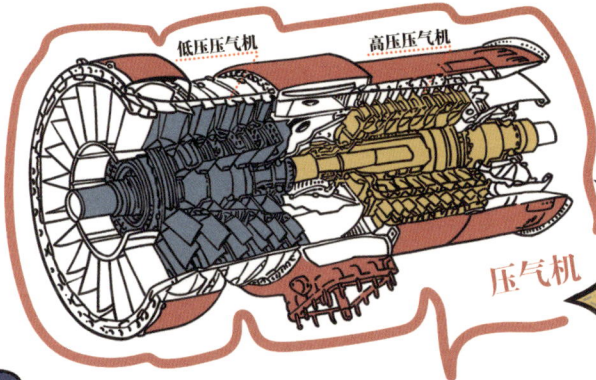

低压压气机　高压压气机

压气机

O_2

N_2

O_2

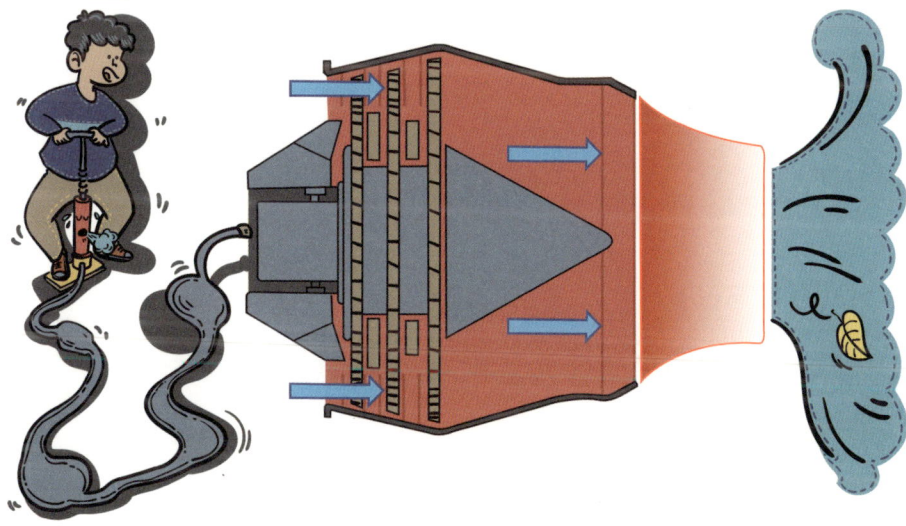

1937年，英国工程师惠特尔成功测试了世界上首台喷气发动机，开创了航空动力新纪元。喷气发动机通过燃烧煤油产生高温气体，加速向后喷出，利用反作用力产生推力，无须依赖螺旋桨。

对于速度较低（800千米/时以下）的飞机，采用"超大涵道比涡轮风扇发动机"设计。这种发动机的风扇直径极大，几乎等同于裸露的螺旋桨，外涵道也取消了外壳，直接暴露在外。其工作原理是将尾气的几乎全部热能用于驱动螺旋桨，自身几乎不产生推力。燃油效率比传统活塞式发动机显著提高，在现代低速飞机中得到广泛应用。

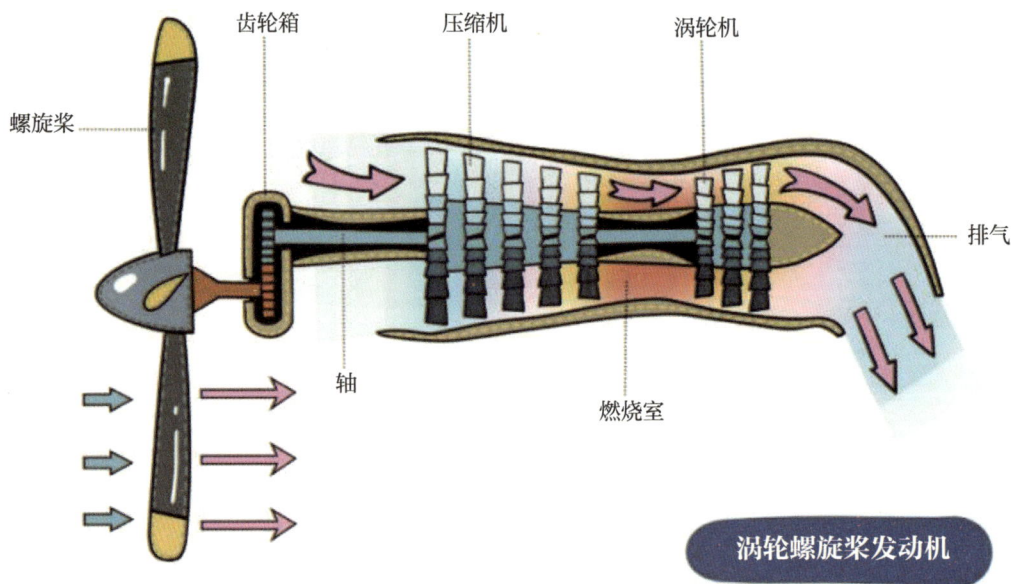

涡轮螺旋桨发动机

（6）机载系统与设备

大型飞机配备了完善的机载系统，主要包括飞行控制系统、导航系统、通信系统、燃油系统和电气系统等核心系统。随着航空技术的发展，现代飞机还集成了先进的航空电子设备，如自动驾驶系统和雷达系统等，这些系统共同确保了飞机的安全运行和高效管理。

飞机的操纵系统是飞行员通过驾驶杆、脚蹬等直接控制飞机飞行姿态的系统，分为手操纵和脚操纵两种方式。手操纵通过驾驶盘（大型飞机）或驾驶杆（小型飞机、战斗机）控制升降舵和副翼；脚操纵则通过脚踏板控制方向舵。

① 飞机的俯仰操纵。当飞行员向后拉驾驶杆（盘）时，升降舵向上偏转，增加水平尾翼的负升力，使飞机抬头。在发动机推力足够的情况下，飞机将开始爬升。当飞行员向前推驾驶杆（盘）时，升降舵向下偏转，使飞机低头，实现下降或停止爬升。

② 飞机的方向操纵（偏航操纵）。飞行员主要通过脚蹬控制方向舵实现偏航操纵。

方向舵向右偏转，会产生向左的侧向力，飞机向右偏航；方向舵向左偏转，则会使飞机产生向右的侧向力，飞机向左偏航。这种操纵方式主要用于协调转弯或修正航向。

③ 飞机的侧向操纵（滚转操纵）。飞机的侧向操纵（滚转操纵）主要通过驾驶杆（盘）控制副翼实现。当驾驶员向右压驾驶杆（盘）时，左机翼的副翼向上偏转，右机翼的副翼向下偏转，导致左机翼升力减小，右机翼升力增大，从而使飞机向右滚转。反之，当驾驶员向左压驾驶杆（盘）时，飞机则向左滚转。

现代运输飞机普遍配备自动飞行控制系统（Automatic Flight Control System, AFCS），其主要功能在于减轻飞行员的工作负荷，提升飞行精度，确保飞行安全，并高效完成各项飞行任务。AFCS由四个核心子系统构成：自动驾驶仪（Auto Pilot, AP）、飞行指引仪（Flight Director, FD）、自动推力系统（Auto Throttle, A/T）以及飞行增稳系统。这些系

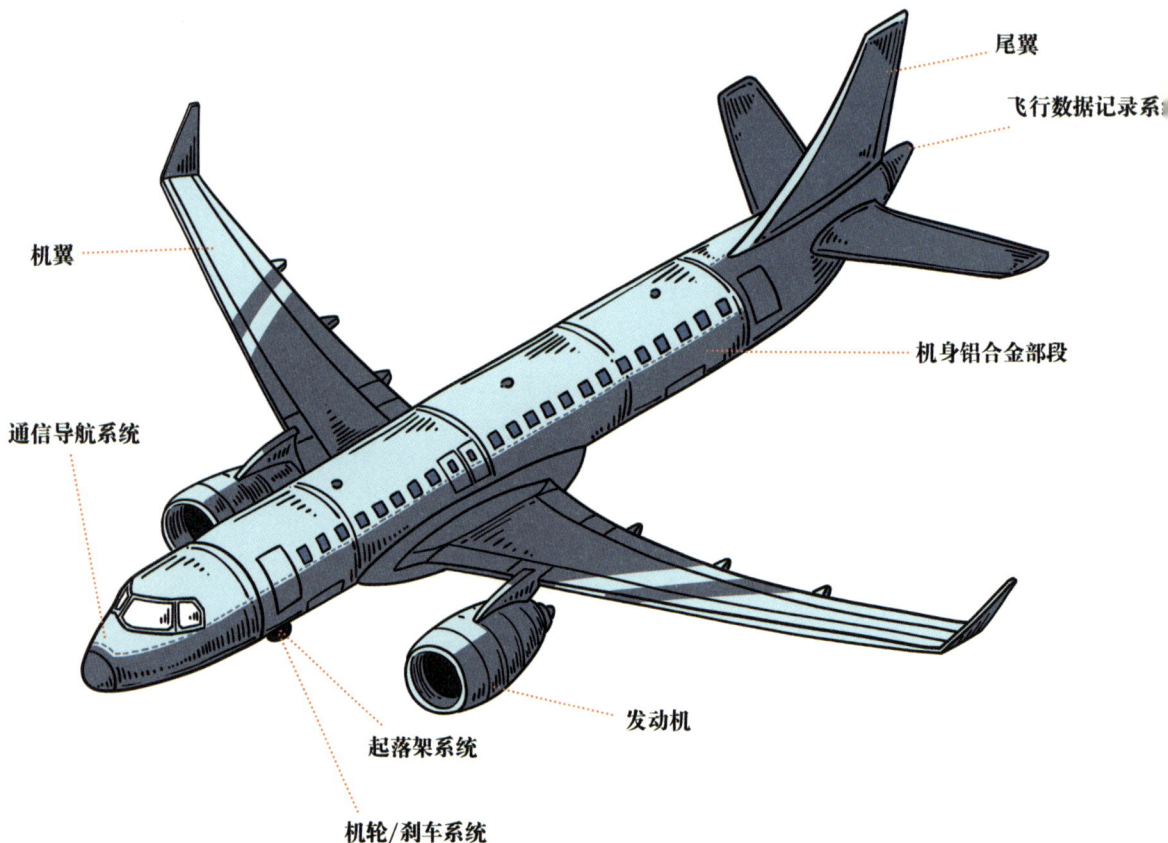

尾翼

飞行数据记录系统

机翼

机身铝合金部段

通信导航系统

起落架系统

发动机

机轮/刹车系统

统协同工作，为飞机提供全方位的自动化飞行控制支持。

① 自动驾驶仪：自动驾驶仪能够在飞行过程中代替飞行员控制飞机舵面，使飞机保持稳定状态或实现状态转换。该系统由控制显示面板、传感器、自动驾驶仪计算机和舵面作动器组成，能够精确执行飞行任务。

② 飞行指引仪：飞行指引仪为飞行员提供实时操纵指令，帮助其及时纠正飞行姿态，确保飞机按预定航迹飞行。与自动驾驶仪不同，飞行指引仪并不直接操纵飞机，而是通过指令"指挥"飞行员完成操作。简单来说，自动驾驶仪是"替"飞行员飞，而飞行指引仪是"指导"飞行员飞。

③ 自动推力系统：自动推力系统根据输入信息，在从起飞到着陆的整个飞行过程中自动控制发动机推力。其主要功能包括发动机推力限制计算和自动推力模式管理，确保飞机在不同飞行阶段都能获得合适的推力。

④ 飞行增稳系统：飞行增稳系统主要包括偏航阻尼、配平和飞行包线保护等功能。其中，偏航阻尼在飞行全程中提高飞机绕立轴的稳定性。当航向平衡被破坏时，偏航阻尼器通过控制方向舵偏转，抑制飞机绕立轴和纵轴的摆动，维护航向稳定。

飞机自动驾驶系统的核心作用在于提升飞行稳定性、增强导航精度、优化燃油效率、支持长时间飞行，并显著减轻飞行员的工作负担。

大飞机的机身材料解析

大飞机的机身材料主要分为合金材料和高分子复合材料。合金材料包括铝合金、镁合金、钛合金等（镍钼钨合金主要用于发动机）。其中，铝合金是飞机机身的主要材料，占比为50% ~ 70%；镁合金占比为5% ~ 10%。随着航空技术的发展，钛合金在现代化飞机中的使用比例显著增加，多用于高强度和高耐腐蚀性要求的部件。

（1）铝合金

铝是轻金属（密度约为2.7克/立方厘米），由于飞机需要尽可能减轻重量以提高飞行性能，因此铝合金成为飞机机身的主要材料。尽管铝的强度较低，但飞机在空中飞行时不会遇到地面物体碰撞，因此铝合金被广泛用于制造飞机蒙皮、前机匣、框架和肋条等部件。

（2）镁合金

镁合金是航空器、航天器和火箭导弹制造中最轻的金属结构材料（密度仅为1.8克/立方厘米），强度较低（200 ~ 300兆帕），但轻量化特性使其成为制造低承力零件的理想选择。

（3）钛合金

钛是轻金属（密度约为4.5克/立方厘米），比铝重但强度更高，且耐高温性能优异，熔点达1670℃。钛合金是制造飞机的理想材料，广泛应用于发动机、防弹部位、强化结构、燃烧室、涡轮轴、涡轮盘和喷口等关键部件。

（4）镍钼钨合金

镍钼钨合金因优异的高温性能（可耐受发动机2000℃以上工作温度），成为制造飞机发动机的首选材料。

（5）高强钢

高强钢具有高刚度、高比强度、高疲劳寿命以及良好的中温强度和耐腐蚀性，广泛应用于对性能要求极高的结构件中。无论是半成品生产还是复杂结构件制造，尤其是在焊接结构中，高强钢都是不可替代的材料。

（6）复合材料

复合材料由两种或两种以上不同性能、形态的材料通过复合工艺制成，既能保留原有材料的优点，又能通过复合效应弥补单一材料的缺陷，显著提升整体性能。

我国首款按照国际通行适航标准自行研制、具有自主知识产权的喷气式干线客机C919，在材料选择上展现了卓越的技术水平。航空领域素有"一代飞机，一代材料"的说法，体现了高性能新材料与飞机性能提升之间的密切关系。相关研究显示，C919的主要材料中，铝合金占比65%，钛合金占比9.3%，超高强度钢占比6.9%，复合材料占比11.5%。这些材料的科学搭配为C919的高性能表现贡献了力量。

你猜他画了几张？

大飞机的航空系统是怎样工作的？

每当仰望天空，看到大飞机掠过时，我们心中难免产生疑问：飞行在万米高空的飞机是如何与地面保持实时联系的？同时，我们也好奇，飞机在飞行过程中是如何确保内部的上网娱乐系统、灯光系统等服务顺利运行的？

2024年3月，东航作为C919的全球首发用户，迎来了其机队的重要新成员——第5架C919飞机。尤为值得一提的是，这架C919不仅是东航机队的新成员，更是全球首架配备先进客舱局域网服务功能的C919飞机。

乘坐该飞机的旅客只需简单几步操作，即可轻松享受机上局域网平台的服务。首先，将手机、平板电脑或笔记本电脑等设备切换至飞行模式；随后在无线局域网设置中搜索并连接热点；接着，打开浏览器，输入相应的网址，即可顺利登录机上局域网平台。

那么，飞机是如何与地面保持通信的呢？无论是翱翔天际的军用飞机，还是穿梭云端的民用飞机，都配备了多套通信设备。这些设备中，有的通过卫星与地面建立联系，有的则直接与地面控制站保持通信。无论采用哪种通信方式，天线都是不可或缺的关键组件。即使是体积小巧的四旋翼无人机，也需要依赖天线来确定自身的位置与方向。

波音737机体的天线布局展示了飞机用于地空通信、空空通信及导航的各种天线。可以看出，正是众多复杂且功能各异的系统协同工作，才使得翱翔于万米高空的庞然大物能够与地面保持实时联系，并精确无误地沿预定航线飞行。那么，这些关键的通信系统究竟包括哪些呢？

（1）高频（HF）通信系统

HF通信系统专为飞机间通信以及飞机与地面站之间的远距离话音

空速表

高度表

转弯协调表

航空指示表

姿态表

与数据交换而设计。其工作频率范围为2 ~ 29.999兆赫兹，利用电离层的反射实现天波传播，单次反射的覆盖距离可达4000千米。高频通信天线通常安装在飞机尾部或垂直安定面的前端。

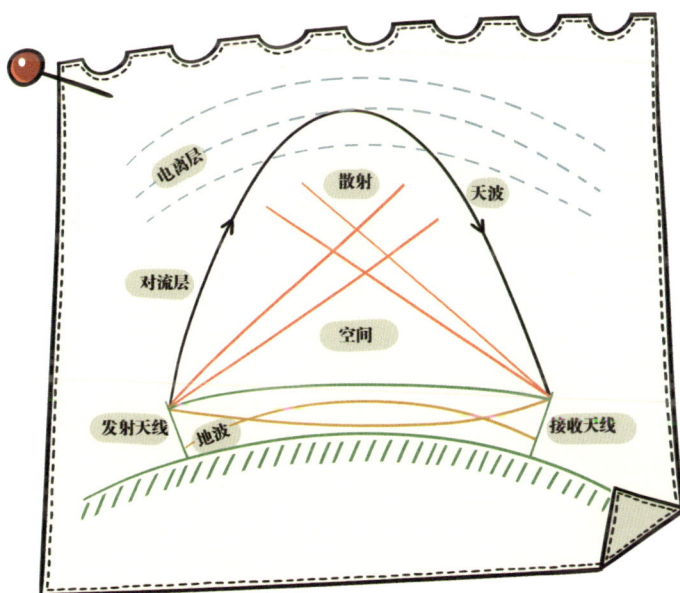

电离层

散射

天波

对流层

空间

发射天线   地波   接收天线

大型飞机通常配备两套高频通信系统，采用单边带通信技术，可压缩频带宽度并节省发射功率。该系统由收发机组、天线耦合器、控制盒和天线等关键部件组成。由于输出功率较大，高频通信系统还配备了专门的通风散热装置以确保稳定运行。现代民航飞机的高频通信天线大多嵌入飞机蒙皮内，通常位于尾部。不过，目前这一系统在实际应用中已较为少见。

（2）甚高频（VHF）通信系统

VHF通信系统专为飞机间通信以及飞机与地面站之间的视距通信而设计，能够传输话音和数据。其有效作用距离较短，仅限于目视距离内，且实际作用距离随飞行高度变化而不同。例如，在300米高度时，其作用距离约为74千米。作为民航飞机的主要通信工具，甚高频通信系统在飞机起飞、降落或通过控制空域时，承担着机组人员与地面管制人员之间的双向语音通信任务。

在起飞和降落这两个驾驶员最繁忙且飞行事故最易发生的阶段，甚高频通信系统的可靠性至关重要。因此，民航飞机通常配备多套甚高频通信系统作为备用，以确保通信的连续性和稳定性。

甚高频通信系统的频率范围为118.000～136.975兆赫兹。其中，空中飞行情报服务的频段为121.1～121.2兆赫兹；全球统一的遇难呼救频道为121.500兆赫兹；地面管制频段则覆盖121.6～121.925兆赫兹。

（3）卫星通信系统（SATCOM）

SATCOM在飞机与地面之间的远距离话音和数据传输中发挥着关键作用。尽管高频通信能够通过电离层反射实现数千公里的传输，但其通信质量容易受到天气和气候条件的干扰。尤其是在飞机跨海飞行或飞越偏远地区时，由于地面站覆盖范围的限制，地面运行控制中心往往难以准确掌握飞机的位置和实时状态。一旦发生意外，飞机的定位和后续搜救工作将面临巨大挑战。

为解决这一问题，中国民航局于2012年发布了《航空公司运行控制卫星通信实施方案》。该方案明确规定，到2017年底前，我国各航空公司的飞机需配备机载卫星通信系统，确保运行控制中心能与每架飞机保持不间断联系，从而有效保障飞行安全。

（4）空中交通管制（ATC）系统

ATC的核心职责是对飞机在空中飞行的状况进行严密监视和高效管理，以确保飞行的安全性和效率。这一系统致力于预防飞机在空中发生相撞事故，避免飞机与障碍物发生碰撞，同时保障空中交通的畅通无阻和有序进行。

通过ATC系统，地面站能够精准地获取飞机的位置、距离、识别号以及飞行高度等关键信息。具体来说，ATC地面站的雷达会发射信号，这些信号被飞机反射后返回地面站。地面站根据天线的旋转角度和回波反射的时间，就能精确计算出飞机的方位和距离。此外，ATC地面站还会向机载ATC系统发出询问，以获取飞机的识别号和高度，而机载的ATC应答机则会迅速向地面站反馈这些信息。

值得注意的是，飞机的识别代码为4位数字，但7500、7600和7700这三个数字是特殊代码，分别代表劫机、无线电故障和紧急情况，因此不能作为正常的飞机识别代码使用。同时，ATC应答机还能对其他飞机或地面站的交通避撞系统（TCAS）发出的S模式询问进行应答。以

波音737为例，该机型配备了两部机载ATC应答机，分别安装在飞机机头附近的顶部和底部，两副天线则分别与之相连，确保应答的准确性和及时性。

雷达可以被视作一个高频无线电发射机。它通过天线发送出高能信号，当这些信号碰到飞机表面时会被反射回来。利用信号往返的时间差与光速的乘积，我们就可以精确地计算出与飞机的距离。同时，结合雷达天线旋转时的相位信息，我们能够准确地计算出飞机的位置。

雷达的探测能力并不取决于飞机的大小，而是取决于反射面的大小。因此，在不同的角度、相对位置以及存在障碍物的情况下，雷达波的反射效果都会受到影响，从而可能产生信号干扰。

航线监控雷达主要用于监视航路上的飞机动态。这种雷达的旋转速度较慢，目的是能够有更充足的时间去探测更远距离的飞机，确保航行的安全与顺畅。

而机场监控雷达，简称ASR（Airport Surveillance Radar），则专注于机场终端区域的管理。它的旋转速度非常快，以便迅速刷新并获取短距离范围内目标的最新数据。这种雷达的灵敏度极高，对周围环境的变化十分敏感。

上述提到的航空管制雷达，均属于一次雷达的范畴，它们的工作原理是通过接收发射信号反射回来的回波进行工作。

在航空管制领域，除了一次雷达外，还有二次雷达，也被称为空管雷达信标系统。二次雷达需要与一次雷达共同工作。当地面二次雷达发出询问信号时，要求飞机上的应答机进行回应。此时，雷达显示屏上的解码器会解码这些回应信号，从而提供更详细、更准确的飞机信息。

（5）选择呼叫系统（SELCAL）

SELCAL是一种高效便捷的通信工具，它使得地面塔台能够通过高频（HF）或甚高频（VHF）通信系统，精准地联系到指定的飞机或某一组飞机。每架飞机都配备一个独特的四位编码，这一编码就如同飞机的"身份证号"，确保了通信的准确无误。

当地面塔台需要联系某架飞机时，会通过选择呼叫器发送相应的编码信号。飞机上的选择呼叫系统则会立即检测这一信号，并与本机编码进行比对。确认一致后，驾驶舱内的灯光便会亮起提示机组人员。

这一系统极大地减轻了飞行员的工作负担。他们无须持续监听公司的通信频道，只需在接收到灯光提示后，再进行通话交流。这样，飞行员可以更加专注于飞行操作，确保飞行的安全与顺畅。

（6）飞机通信寻址与报告系统（ACARS）

ACARS是一种高效的数字数据链系统，它通过无线电设备或卫星在航空器与地面站之间传输短消息。为减轻机组人员的工作负担并提升数据完整性，航空公司在20世纪80年代末引入了这一先进的系统。

ACARS系统的用途广泛且灵活多变，以下两个实例能够更好地诠释其实际应用。一方面，它作为飞行管理系统接口，能够将地面发送到机载ACARS管理单元上的飞行计划和气象信息，迅速转发至飞行管理系统，机组人员便能在飞行过程中及时评估新的气象条件，或根据实际情况灵活调整飞行计划，确保飞行的安全与高效；另一方面，ACARS系统还具备下载维护数据的功能，这些重要的报文信息可以通过高频、甚高频或卫星通信中的任意一种方式进行传输，进一步提升了飞机的运行效率和安全性。

（7）广播式自动相关监视系统（ADS-B）

ADS-B由四大核心要素构成：自动（Automatic）——无须人工干预及地面询问，全程自主运行；相关（Dependent）——所有信息均源自机载设备，确保数据的真实性与可靠性；监视（Surveillance）——实时提供航空器的精确位置及监视所需的关键数据；广播（Broadcast）——数据周期性地广泛播发给所有配备合适接收设备的用户。

ADS-B系统细分为发送（OUT）与接收（IN）两大类别，其信号的发送与接收均依托于ATC应答机，实现了信息的高效传递与接收。

（8）地空宽带通信系统（ATG）

中国5G网络的覆盖之广泛实在令人赞叹。无论是海拔6000米的巍峨山峰，还是浩瀚无垠的广阔大海，抑或是荒凉寂静的戈壁荒漠，5G信号都如影随形。如今在飞机上，乘客们也能享受到这一先进网络的便捷。尽管"飞机上网"的话题早已屡见不鲜，但多年来，许多乘客仍未能亲身体验过真正的"空中互联"。每当空乘人员温馨提醒乘客将手机等电子设备调至飞行模式或关闭时，大家便知接下来的飞行时光将与外界隔绝。

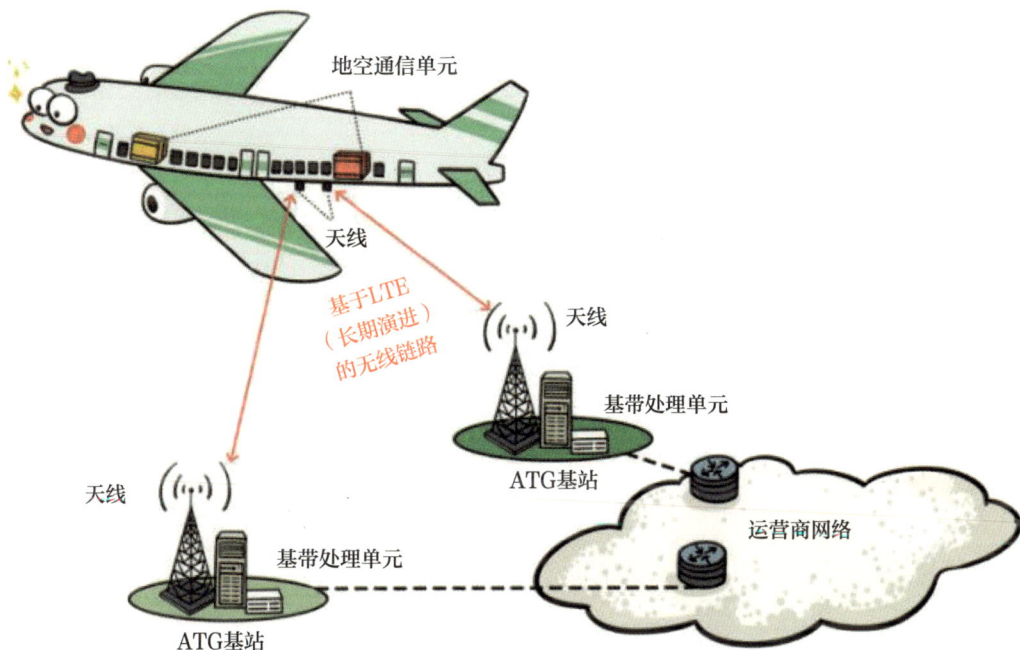

然而，在科技日新月异的今天，ATG 已迈入 5G 时代。ATG 的工作原理相当巧妙：运营商在地面上沿着飞机的主要航线或在特定空域内，精心部署了一定数量的飞机专用通信基站（覆盖全国主要航线仅需约 1000 个基站）。这些基站将信号发射至高空，当飞机进入 ATG 基站覆盖范围时，便能通过安装在腹舱内的 ATG 接收器，轻松接收地面传来的无线信号，从而实现地空之间的宽带通信。

虽然地面基站能够直接与飞机进行信息传输，但舱内乘客要想实现空中上网，还需依赖机载通信设备 CPE（Customer Premise Equipment）。这一设备能将基站信号转换为 Wi-Fi 信号，让乘客在飞机上也可以享受网络冲浪的乐趣。

（9）照明系统

从精妙的空气动力学设计，到精密的飞行控制系统，每一项技术都凝聚了工程师们的智慧与汗水。除了先进的航空系统，大飞机内部的警示灯光也是我们在乘坐民航客机时不可忽视的一环。不同区域的照明系统各有特色，使用的方法也各不相同。

踏入大飞机的舱门，映入眼帘的便是各式各样的灯光。这些灯光统称为机内照明，它们根据安装和使用区域的不同，被细分为驾驶舱照明、客舱照明和货舱照明。而在每个舱室内部，灯光又按照应用场景被进一步划分为一般照明、局部照明和应急照明。

一般照明主要指的是那些能够为飞机舱室整体营造适宜环境光线的灯具，常安装在舱室的顶部位置，例如驾驶舱的舱顶灯、客舱中的环境灯等。随着乘客对飞行体验舒适度要求的日益提升，机舱内的光环境是否舒适也越来越受到航空公司和设计师的重视。

　　局部照明特指那些在飞机舱室内，针对特定区域提供光亮的灯具配置，包括驾驶舱内仪表板的清晰照明，以及客舱中为旅客阅读精心设计的照明等。局部照明的核心在于，它要确保被照亮的区域拥有足够的光线，同时又要避免干扰到周围区域的光线分布。

　　以旅客常用的阅读灯为例，它通常采用柔和的淡黄色光，这种光线能为阅读提供恰到好处的亮度与色调，营造出舒适的视觉环境，而且在经济舱中，即便是两人或三人并排而坐，乘客也可以独立开启自己头顶的阅读灯，而不会影响到邻座乘客的休息、观看视频或其他娱乐活动。这样的设计，既满足了个性化的照明需求，又确保了舱内光环境的和谐与平衡。

　　应急照明是飞机在遭遇突发事故时，为确保安全迫降与人员有序撤离而不可或缺的光源系统。它涵盖了驾驶舱内的紧急仪表板照明，以及客舱中的出口标志照明、环境照明和应急通道照明等多个关键照明点。这些应急灯具设计得极为智能，一旦飞机失去主要电力供应，它们便会立即自动启动，迅速点亮。

　　驾驶舱内的应急仪表板照明，能在黑暗中为飞行员提供清晰的操作指引，确保他们能够准确执行迫降程序。而在客舱内，出口标志照明与环境照明相互配合，为乘客指明逃生出口，同时提供足够的光线，帮助他们迅速而有序地撤离。应急通道照明更是至关重要，它照亮了通往出口的最安全路径，确保在紧急情况下，每个人都能迅速找到通往安全地带的路线。

这些应急照明灯具不仅亮度足够，而且指向明确，为飞行员的操作与乘客的撤离提供了清晰可见的指引，极大地提升了飞行安全性。

在乘坐飞机的旅程中，学会识别这三种灯光并合理使用它们，不仅能提升我们的飞行体验，还能增强我们的安全防范意识。

大飞机的运营与维护

2024年5月28日，国产大飞机C919迎来了其商业运营一周年的重要里程碑。前一天晚上，即5月27日，中国商飞正式向东方航空交付了第六架C919飞机，这也是东航新增订购的100架C919中的首架飞机。

作为C919的全球首发用户，东方航空正式接收了这批新增订单中的首架飞机，编号为B-919G。与前五架交付的C919相比，这架飞机在驾驶舱系统显示和客舱娱乐系统均进行了优化升级。至此，东航的C919机队规模已扩大至6架，标志着国产大飞机C919的规模化商业运营步伐显著加快。

飞机的运营和维护是一个复杂且成本高昂的过程，涉及航线规划、地面保障等多个方面。接下来，让我们共同了解大飞机运营和维护所需的关键程序。

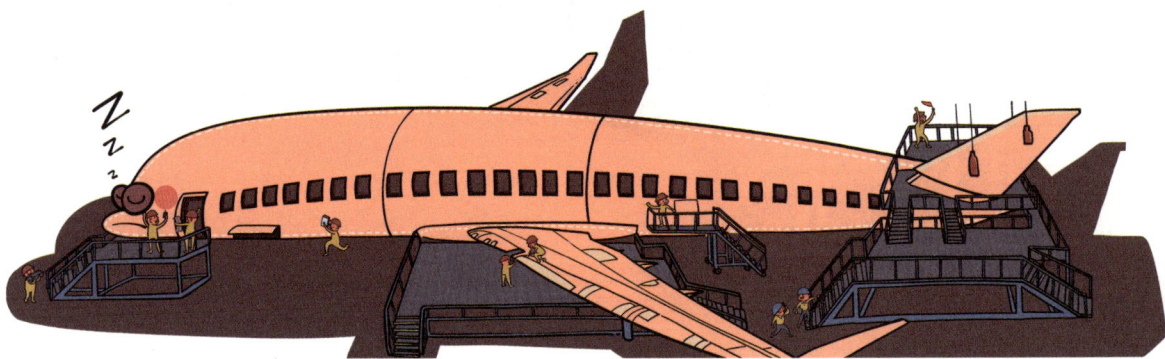

智能航线规划：提升飞行效率与燃油经济性

在理想情况下，飞机应遵循大圆航线飞行，这是连接两地间的最短路径，同时也是最快速且最省油的飞行方式。然而，实际飞行中，多种因素往往导致飞机无法始终沿最短航线飞行。自然条件便是其中之一，例如风的影响可能促使飞机调整航线，以利用更有利的顺风条件。以中国飞往美国的太平洋航线为例，正常的大圆航线是经过北极区域，但在某些情况下，赤道上空的高速气流（速度可超过100节）反而使赤道航线成为更快的选择。此外，雷暴等恶劣天气条件也会迫使飞机避开相关区域。

此外，为确保飞行导航的精确性和与其他飞机的安全间隔，空中设置了航路，这相当于地面上的高速公路系统。沿公开航路飞行有多重优势：一是确保飞机与地面障碍物保持足够的安全距离；二是确保飞机接收地面无线电导航设备（例如VOR）的信号质量，因为所有公开航路都经过精心飞行测试，以保障信号传输的稳定性；三是地面雷达无法全面覆盖空中所有区域，沿航路飞行能最大限度地让雷达追踪到飞机的具体位置；四是这些航路为空中交通管制以及机场进近环境的平稳过渡提供了便利。

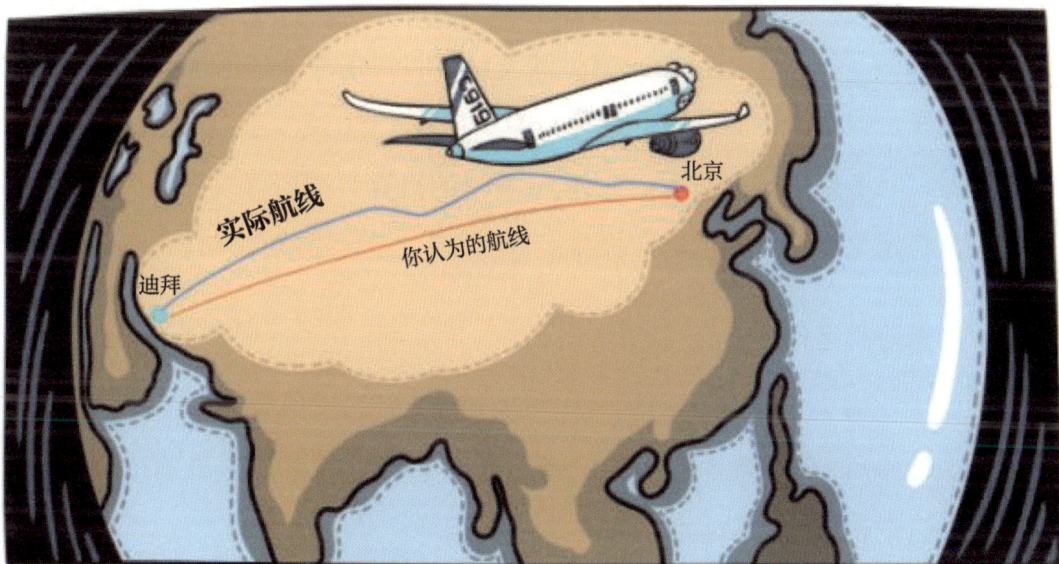

另外，在制定飞行计划时，还需充分考量应对紧急情况的需求。一旦发生意外，航线的选择必须确保有适宜的紧急降落机场或地形作为备选，这可能会使航线偏离原本理想的直线航路。此外，空域限制也是决定航线走向的关键因素之一，包括禁飞区、限飞区及军事活动区等，都可能要求调整航线。在飞行过程中，避免与高速飞行的战斗机或导弹路径相交，以及预防被军用飞机拦截，同样是航线规划时必须考量的重要因素。

（1）智能航线规划

C919大飞机配备了"智能导航系统"，这一系统犹如手机地图软件的升级版，功能更为强大。它能依据天气状况和风向，自动挑选出最为节油的飞行路线。例如，从成都飞往上海，系统会智能规划出一条"高空高速通道"（巡航高度大约1万米），并且还能分阶段爬升，整趟飞行能节省下几百公斤的燃油。

（2）极端环境适应性

C919经过了严苛的测试，在云南香格里拉（高海拔地区）和海南三亚（极端高温环境）机场完成了试飞。它的刹车系统采用了类似跑车陶瓷刹车片的设计，着陆时的滑行距离比空客A320减少了300米，相当于少滑过三个足球场的长度。此外，C919的机翼尖端还可以折叠，使它在小型机场也能轻松完成转向操作。

（3）空管协同运行

我国空域中存在着无形的"飞行通道"，军用和民用飞机需要相互避让。C919装备了特殊的通信设备，能够实时接收军用飞机的位置信息，并自动调整飞行航线。

人生病时需要看病治疗，平时也需要保健体检，这些花费往往不菲。同样，为了保障飞机在航线上安全运行，定期检查与维修也是必不可少的环节。

影响民用飞机维修成本的因素主要可划分为三大类：飞机自身特性、维修管理水平以及使用方式。后两者很大程度上依赖于航空公司的运营效能，而飞机自身因素则涵盖了设计技术、维修便利性、可靠性以及服役年限。其中，服役年限对维修成本的影响尤为突出。

飞机会随着岁月的流逝逐渐老化，机身所遭受的损伤，尤其是结构损伤与腐蚀问题会日趋严峻。为满足持续适航标准并保障飞行安全，航空公司不得不提升例行检查的频次。同时，由故障维修或改装所引发的

非计划性停飞时长也会相应延长。这直接导致飞机的可用率降低，航班延误或取消的情况频发，运营与维修成本大幅增加。

（1）从日常体检到深度全面检查

① 每日体检：正如我们每日坚持刷牙以保持口腔清洁，C919在每日降落后也会接受一次"激光扫描体检"。短短5分钟内，即便是头发丝般细小的裂纹也难以逃脱它的"火眼金睛"。

② 年度细致大检：每18个月，C919的发动机将迎来一次"胃镜式"的孔探检测。以往需要逐一排查1200个零件，在智能系统的辅助下，如今仅需检查400个关键部位，效率大幅提升。

③ 超级深度大修：每隔6年，C919将进行一次彻底的"开膛破肚"式检查，其中线路检查尤为关键。新技术让检查人员仿佛拥有了"X光眼"，能够精准识别出电线外皮那仅0.02毫米的老化痕迹——比保鲜膜的厚度还要薄！

（2）"黑科技"维修工具

航线维修是航空维修工作的基石，涵盖航前检查、过站检查、航后检查及周检等多个环节，核心任务是检查飞机状态、补充润滑油以及监测轮胎气压等。航线维修的首要目标是严格执行航线工作单所列的各项检查项目，迅速排除飞机故障与偏差，从而提升航班的准时率。

维修人员采用装备有128个"电子眼"的扫描机器人，仅需沿着飞机表面行走一圈，即可迅速生成一份详尽的机身健康报告。此外，利用红外相机拍摄飞机的"体温照片"，能在90秒内精准定位故障点。东航的智能系统更是强大，能够提前3天预测出78%的潜在故障，犹如天气预报般贴心，提醒人们未雨绸缪。

（3）深度维修

在C919的方向舵铰链部件上，采用了国产TC4钛合金3D打印技术，并通过拓扑优化，将原本28个零件精简为1个，使得维修更换时间从6小时大幅缩短至45分钟。其数字孪生系统更是强大，能够实时整合并分析全机6万多个传感器的数据。在2024年3月的一次结构健康监测中，该系统成功预警了垂尾0.05°的异常形变，这对应着应力超限0.3%的潜在风险。

商飞与中国科学院携手研发的复合材料原位修复技术，同样令人瞩目。该技术能够在40分钟内完成2平方米面积的机翼蒙皮修补，且修复后的强度恢复率高达98%，相较于传统的贴片修复技术（强度恢复率为85%）有了显著提升。

（4）发动机维修

　　发动机维修成本约占飞机总维修成本的三分之一，主要包括航线维修成本和离位大修成本两大板块。

　　航线维修成本涉及日常运营中对发动机故障的检查及故障部件的即时更换，这些工作通常在飞机短暂停场期间迅速完成，以保障航班的顺畅运行。

　　离位大修成本则是指发动机从飞机上拆下后，所进行的一系列全面检查、测试与修复的费用，这笔费用往往高达数百万美元（不含时控件更换费用），是发动机维修成本中的大头。

　　发动机的大修周期主要由其核心热部件的寿命所决定。在飞机起飞阶段，发动机需提供最大推力，此时热部件所承受的磨损和热应力也达到最大值。因此，热部件的寿命通常以热循环次数（即一次起飞和降落的过程）为计算基准。每台发动机的热部件寿命各异，大修时所需更换或修理的热部件数量不同，从而导致维修费用有所差异。

地面保障：飞机背后的强大支撑服务

飞机地面保障设备是机场不可或缺的一部分，专为支持飞机的地面运行而设置，它们大多部署在停机坪与航站楼服务区。这些设备在航班间隙中发挥着关键作用，为飞机提供一系列必要的服务，确保其平稳停靠与顺利起飞。正如其名，飞机地面保障设备主要致力于协助飞机完成在地面上的各类操作，涵盖供应地面电力、确保飞机灵活移动以及高效完成货物与乘客的装载作业等多个方面。

（1）专属高效充电宝与强力除湿空调

C919配备了专用的电源车（该电源车凭借90千伏安静变电源技术，成功突破了IGBT芯片的技术瓶颈），其充电效率相比于进口产品高出3%，并且具备同时为3架飞机充电的能力，堪称飞机界的"超大号充电宝"。而针对南方潮湿的天气状况，C919还拥有专业的空调车，它能够将空气温度降至15%，比冰箱冷冻室更为干燥，有效保护飞机上的精密仪器免受潮湿侵害。

（2）培训的本土化创新

上海飞行仿真技术研究中心精心打造的C919全动模拟机，搭载了国产"龙芯3C5000"处理器，实现了精准至0.05°级的操纵负荷模拟。其屏幕尺寸广阔，近乎半个篮球场大小，操作杆的力度反馈与真实飞机如出一辙。

维修人员在修理飞机时，佩戴AR眼镜便能在眼前浮现3D操作指

南，这一创新使得新手的失误率直线下降了67%。此外，商飞所建立的VR故障数据库，已收纳超过8000个典型的故障场景，培训效率比传统方式提升4倍。

（3）紧急情况应对

在乌鲁木齐-35℃的暴雪天气环境中，国产除冰车仅需8分钟便能为C919进行"热水浴"，迅速融化机身上的冰雪。面对紧急情况，飞机上的189人能在28秒内通过滑梯迅速撤离，这一速度比消防演习要求的90秒快了足足3倍！即便在海拔4400米（这一高度甚至超越了富士山）的机场，飞机的电池也能持续供电45分钟。

（4）智能减碳

C919的地面空调车配备了一个"呼吸净化器"——尾气处理装置，它能巧妙地将有害的一氧化碳转化为无害的二氧化碳，同时颗粒物过滤效率高达99.7%。电动拖车更是亮点十足，国产"电牛"拖车仅需充电1小时便能持续工作8小时，其环保效益显著，每年可减少碳排放21吨，这相当于种植了200棵树所带来的碳吸收量。广州白云机场的实际测试显示，采用电动设备后，C919的地面保障环节碳排放量下降了28%。

（5）静音服务

传统机场的清洁车声音大如拖拉机轰鸣，专为C919设计的真空清洁车则如同一位"轻声细语的绅士管家"。它采用先进的气旋吸附技术，工作时噪声仅58分贝，这比普通人说话的声音还要细微。在北京大兴机场，驱鸟系统也展现出了非凡的智慧——利用无人机播放鸟类天敌的超声波以替代传统的爆竹声，这一创新举措使得降噪效果提升了90%。

C919特色亮点：

- 全国产化保障设备适配率达95%。
- 地面周转时间比同类机型缩短18%。
- 采用27种新型环保技术。
- 2024年实现100%国产油液检测。

C919小知识

- 一架C919有超过400万个零件，组装精度要求比智能手机高10倍。
- 每次起飞前要检查58个系统、2000多个参数，比火箭发射检查还复杂。
- 飞机轮胎充气压力是汽车胎压的6倍，着陆瞬间温度可达150℃。

　　这些看似平凡的环节，实则蕴含着数百项技术创新——正是这些"地面黑科技"，构筑起万米高空飞行的安全基石！

　　大飞机的运营与维护，是一项错综复杂而又精细入微的系统工程，它涵盖了航线规划、日常检查、深度维修以及地面保障等一系列关键环节。以C919为例，通过智能航路优化技术的运用、实时数据的严密监控以及高效地面支持系统的配合，实现了燃油经济性与航班准点率的双重飞跃。在维护方面，C919采用了三级检查制度，结合智能检测技术与预测性维修策略，显著降低了故障发生率与停场时间。与此同时，绿色机场的建设与环保技术的广泛应用，使得大飞机的运营更加契合可持续发展的理念。

中国首款大型军用运输机运-20冲上云霄

2022年12月，东方航空荣幸地接收了全球首架C919飞机，这一历史性时刻不仅标志着中国民航工业迈入了一个崭新的阶段，更彰显了中国在大型客机研发领域从零开始、终获硕果的重大飞跃。这项辉煌成就的背后，凝聚了我国科研人员长达四十年的心血与汗水。

运-10的遗憾

1980年9月26日，伴随着发动机的轰鸣，一架庞大的白色运-10飞机腾空而起，划破天际，标志着国产大型飞机的先驱——运-10圆满完成了其历史性的首飞壮举，在中国航空工业的长河中镌刻下了不可磨灭的印记。尽管后人在翻阅史册，看到"运-10首飞成功"的记载时，或许以为成功是水到渠成的，但实际上当年的运-10首飞任务远比表面复杂得多，其成功与否在当时充满了未知。

为了确保这一壮举的实现，前期的准备工作浩大且精密。相关部门对首飞的02号机进行了四轮严苛的质量复审，并在首飞前夕，耗时数月进行了全方位的质量排查。其间，各大工厂与研究所集结了设计、工艺、检验专家及工人代表，组建了结构、动力、操纵、辅机、"三新"技术五大专业小组，对飞机进行了细致入微的检查。

此外，还特别设立了试飞实验室，专注于设计首飞的应急方案与操作流程，力求将每一个细节都做到尽善尽美，确保首飞的安全无虞。

在中国航空工业的萌芽时期，与西方先进国家相比，确实存在着显著的差距。但随着中国经济的迅猛崛起，民用航空需求如雨后春笋般涌现，发展自主国产客机成为国家的战略要务。在此背景下，国家计划委

员会与军事委员会国防工业领导小组联合发出了研制大型客机的号召，运-10客机项目应运而生。

中国航空界的专家们始终保持着对全球大型客机最新动态的敏锐洞察。运-10的总设计师马凤山先生明确指出，尽管运-10在设计上有所借鉴轰-6，但绝非仅仅停留于模仿苏联技术的层面，而是力求在吸收与创新中寻求突破。

从1980年10月一直到1984年6月，运-10共执行了107次飞行任务，累计飞行155小时。它起降于国内多个机场，并7次成功降落在拉萨，成为我国自行设计制造的首架能够飞抵青藏高原的飞机。

运-10飞机以其卓越的性能参数在中国航空史上占据了一席之地。其翼展宽度42.24米，机身长42.93米，高13.42米。这款飞机的最大起飞重量高达110吨，航程远达8300千米，并且最多能够搭载149名乘客。相比之下，C919的最大起飞重量为72.5吨，航程为5500千米，能够容纳168位乘客。从技术规格来看，运-10的性能在某些方面不逊色于40年后的C919。

然而，1985年2月，运-10的研发进程却意外终止。历经长达14年的艰辛探索，5.38亿元的资金投入，其宏伟蓝图终究未能如愿实现。运-10项目的中止，实则源于当时我国航空技术尚未成熟的现实困境，导致飞机的稳定性和可靠性未能达到预期标准。

20世纪60～70年代，我国的工业基础尚不足以支撑大型民用飞机如运-10的自主研发。例如，在材料领域，我国尚无法生产出与波音707所用铝合金相媲美的产品，只能退而求其次，选用性能稍弱的替代品，这无疑对运-10的整体性能造成了影响，导致试飞过程中多次出现问题。在发动机技术方面，我国自主研发的涡扇-8发动机也遭遇了重重困难。原计划为运-10配套的915发动机（WS8），由长征机械厂（由汽车附件厂转型而来）负责研制，其叶片则由三零三五厂（原上海航校转型）制造。尽管WS8曾在民航局提供的波音707上进行了试飞，但距离成熟应用仍有较大差距。以我国1975年从英国引进的斯贝发动机为例，即便在拥有全套技术资料的情况下，国产版斯贝-涡扇-9直至2003年才获批投产，并于2007年最终定型。因此，运-10在无奈之下，只能暂时采用波音707的JT3D发动机作为替代方案。

运-20应运而生

运-10项目虽未达预期，却为我国航空工业在民机发展与制造领域积累了宝贵经验。

长久以来，中国人对大飞机的梦想从未熄灭。如今，这一梦想已化作现实，国产大飞机的腾空而起便是最佳证明：一个是备受瞩目的C919，另一个则是我国自主研制的大型运输机——运-20。作为中国第一代大型运输机，运-20标志着我国在大型运输机自主研发领域的重大突破。该机采用了国内外先进技术，装备有四台涡轮风扇发动机，最大起飞重量高达220吨，航程远至7800千米，巡航速度高达850千米/时。运-20于2007年正式立项，历经六年研发，于2013年成功实现首飞，并于2016年正式交付部队使用。截至2025年，运-20已服役超100架，其机队利用率、日飞行小时数以及平均故障率等关键指标，均已达到国际同类产品先进水平。

在粉丝们的眼中，这架身形庞大的运输机被亲切地称为"胖姐"，然而，当你深入了解它的数据时，或许会更愿意以它的官方之名——"鲲鹏"来称呼它。运-20身长达47米，翼展45米，高度15米，其强大的运载能力可承载66吨货物。从项目的立项、研发，到最终的交付与列装，运-20仅用了九年的时间，这一速度不仅彰显了中国的航空工业实力，更创造了同类飞机研制交付时间的世界新纪录，令人瞩目。

　　在运-20诞生之前，中国战略运输机的主力阵容由从俄罗斯引进的28架伊尔-76构成。这些飞机在训练演习、抢险救灾等高强度任务中频繁使用，导致在面对如地震等紧急情况时，中国空军面临空中运输力量捉襟见肘的困境。为补齐这一短板，中国空军曾向民航及物流公司借用飞机进行货物运输，但仍难以满足实际需求。

　　运-20的量产与大规模服役，无疑对中国空军后勤保障能力的提高有着里程碑式的意义。尽管与世界顶尖的战略运输机相比仍存在一定差距，但运-20早期型号的诞生，首先解决了中国国产大型运输机从无到有的问题。展望未来，运-20不仅能够高效应对国内的紧急运输任务，还将具备洲际的战略物资与救援物资投送能力。

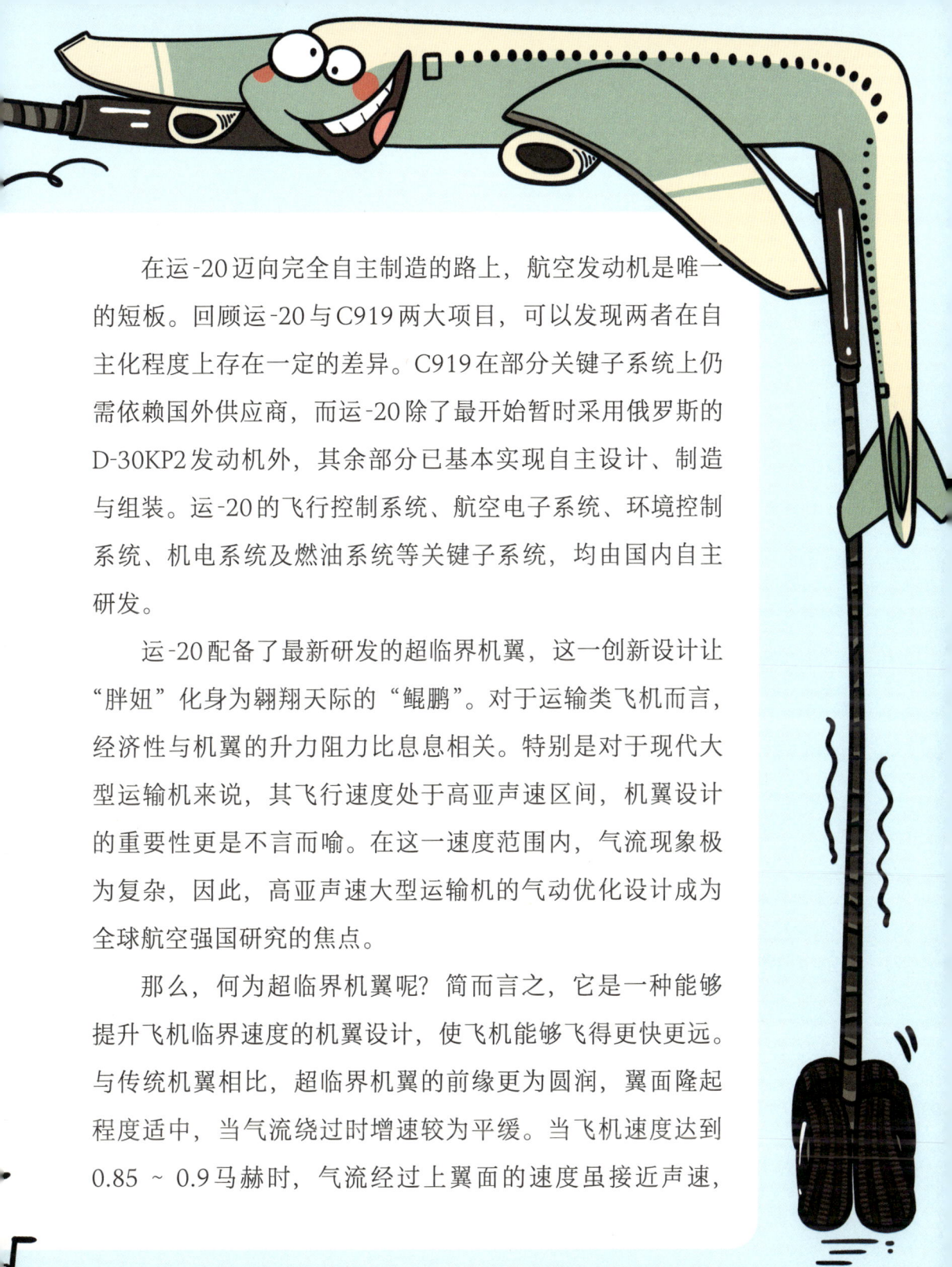

在运-20迈向完全自主制造的路上，航空发动机是唯一的短板。回顾运-20与C919两大项目，可以发现两者在自主化程度上存在一定的差异。C919在部分关键子系统上仍需依赖国外供应商，而运-20除了最开始暂时采用俄罗斯的D-30KP2发动机外，其余部分已基本实现自主设计、制造与组装。运-20的飞行控制系统、航空电子系统、环境控制系统、机电系统及燃油系统等关键子系统，均由国内自主研发。

运-20配备了最新研发的超临界机翼，这一创新设计让"胖妞"化身为翱翔天际的"鲲鹏"。对于运输类飞机而言，经济性与机翼的升力阻力比息息相关。特别是对于现代大型运输机来说，其飞行速度处于高亚声速区间，机翼设计的重要性更是不言而喻。在这一速度范围内，气流现象极为复杂，因此，高亚声速大型运输机的气动优化设计成为全球航空强国研究的焦点。

那么，何为超临界机翼呢？简而言之，它是一种能够提升飞机临界速度的机翼设计，使飞机能够飞得更快更远。与传统机翼相比，超临界机翼的前缘更为圆润，翼面隆起程度适中，当气流绕过时增速较为平缓。当飞机速度达到0.85 ~ 0.9马赫时，气流经过上翼面的速度虽接近声速，但得益于超临界机翼的优化设计，飞机仍能继续提速而不产生激波，从而有效降低了机翼阻力。

超临界机翼以其独特的设计，颠覆了传统机翼的形态。其上翼面相对平坦，而下翼面后缘则呈现出内凹的特征。这样的设计，使得气流经过上翼面时的增速得以减缓，而下翼面的内凹结构则巧妙地增加了升力。这一创新设计，使得激波产生对应的临界速度得以提升，进而让飞机的极限速度迈上了新的台阶。超临界机翼的巧妙之处在于，它通过对气流的有效管理，实现了速度与升力的双重优化。

如今，超临界机翼已成为各类大型飞机的标配，广泛应用于全球范围内的民用、商务及军用航空领域。这一革命性的设计，通过提升飞行效率，每年为航空业节省了数十亿美元的燃料成本，同时显著降低了温室气体排放，对环境保护贡献良多。我国在这一领域已取得了显著进展，基本掌握了超临界机翼的核心技术，并将其成功应用于ARJ-21、C919以及运-20等大型飞机上。这些飞机的问世，不仅标志着我国在航空科技领域的重大突破，更预示着未来航空运输将更加高效、环保。

运-20在起降性能、操控界面以及发动机动力三大核心领域，均采用了我国最新的自主研发技术。

（1）起降性能

运-20凭借其大型起降架构设计，能够轻松承载重达66吨的重型装备（如主战坦克等），展现出了卓越的运载能力。其飞行范围广泛，从中国西部直飞非洲，或从海南跨越重洋飞往澳大利亚，均不在话下。尽管设计之初并未特别强调野战起降能力，但通过灵活调整轮胎压力，运-20能够在各种复杂跑道上顺利完成起降任务，展现出强大的环境适应性。它的机身两侧各配置了3组双轮式起落架，主起落架共计12个机轮，前起落架有2个机轮，总计14个机轮，确保了起降过程的安全与平稳。

（2）操作界面与性能

运-20操作性能卓越，得益于其创新常规布局、T形尾翼设计以及超临界机翼的巧妙运用，这些设计共同提升了飞机的气动效率。据报道，运-20的结构试验强度高达110%，充分验证了其出色的结构强度与可靠性。此外，运-20的航电系统亦实现了显著升级，前视红外探头与衍射平显等先进设备的加入，极大减轻了飞行员的工作负担。

（3）发动机动力

2021年，运-20迎来了动力系统的重大升级，开始装备国产涡扇-20发动机。该发动机推力范围介于140～160千牛，成功解决了长期以来制约中国大型运输机发展的核心动力问题。涡扇-20的采用，不仅显著提升了运-20的飞行性能，还降低了油耗，延长了航程，并增加了最大起飞重量。在珠海航展上，运-20总师唐长红自豪地宣布，运-20已实现了动力系统的双重保障，即涡扇-18与涡扇-20两种国产发动机，标志着中国在大型运输机动力系统领域取得了历史性的突破。

随着中国经济的蓬勃发展与国际地位的提升，海外利益日益凸显，特别是在能源安全与市场拓展方面。因此，中国亟需强大的战略投送能力来维护这些宝贵利益。运-20大型运输机以其快速部署部队与物资的能力，成为威慑潜在威胁、实现兵力快速集中的重要力量，其战略意义与歼-20战斗机同等重要，共同构筑起中国国防的坚固屏障。

国产飞机的发展历程充满挑战，但也取得了显著成就。新中国成立后，我国民用航空事业起步较晚，但经过不懈努力，逐步走上了自主研发的道路。从初期的仿制到逐步实现自主研制，我国民用航空产业在多方面取得了重要进展。初教-5、运-5、运-7、运-8、运-10等一批国产民用飞机相继试制成功并投入运营。

1987年，我国民航行业开始建立民用航空器适航管理体系，正式支持国产民机的设计、制造和运营。这一举措有力推动了民航行业的健

康发展。其中，ARJ21飞机的成功研制尤为关键，它是中国首次按照国际适航标准全面研制的商用客机，具备优异的高温性能、抗侧风能力以及夜航运营能力。

如今，ARJ21支线客机已交付百架，正式迈入规模化运营的新阶段。同时，C919大型客机也取得了重要进展，成功获得适航认证并顺利交付，成为我国民航产业发展的重大里程碑。

尽管C919并非完全国产制造，但它拥有完整的自主知识产权，充分体现了我国在航空技术和产业化领域的重大突破。C919总设计师吴光辉院士多次强调，C919的自主知识产权是毋庸置疑的，这标志着我国航空工业在自主创新方面迈向了更高水平。

C919是由中国商用飞机有限责任公司（中国商飞）研制的一款单通道、150座级窄体干线民航飞机，专为中短程航线设计，展现了我国在民用航空领域的自主研发能力。

中国商飞成立于2008年，致力于成为一家拥有自主知识产权和全球竞争力的大型民用飞机制造企业。C919的全称为COMAC—C919，其中"C"既代表中国（China），也是中国商用飞机有限责任公司（COMAC）的首字母；数字"9"寓意长久与永恒，象征着"天长地久"的美好愿景；而"19"则表示其最大载客量为190人。

C919的研发过程充满了困难与挑战。作为一款全新机型，除了需要攻克众多核心技术外，最复杂的是完成飞机的总体顶层设计，必须从零开始构建一架全新的飞机。正因如此，C919完全拥有自主知识产权，成为"中国智造"的骄傲，是中国人自己的大飞机。

我的名字是有由来的……

C
China 的首字母，也是中国商飞英文名缩写 COMAC 的首字母。

9
有着"天长地久、经久不衰"的美好寓意。

19
飞机最大载客量 190 人。

C919大飞机在政治意义上可与"两弹一星"比肩，而在经济层面，它同样蕴藏着巨大的盈利潜力。那么，C919究竟有哪些亮点和优势呢？让我们一探究竟！

在C919的设计与研发过程中，实现了多项关键技术上的突破。在新材料应用方面，C919建立了铝锂合金的材料标准体系、设计许用值体系及制造工艺规范，并首次将铝锂合金应用于民用飞机，使用量达到机体结构重量的7.4%。此外，C919还创新性地采用了钛合金3D打印等"绿色"制造工艺，展现了其在推动国内基础工业发展和引领未来趋势方面的巨大潜力。

C919的"骨架"采用了第三代铝锂合金和复合材料等先进材料，这些材料首次应用于民用飞机。这不仅使机身更加轻便，还在节油和环保方面表现优异。同时，这些材料还显著降低了飞机的噪声水平，相比于波音和空客的80分贝，C919的噪声可降至60分贝以下。

C919的机头设计采用了四块玻璃的承载式风挡结构，这种设计不仅使风挡参与飞机承力，显著减轻了机体重量，还提升了结构的承载效率。与波音和空客使用的6块玻璃相比，C919仅用4块，且每块玻璃面积比空客的大50%，窗框面积也因此减少，形成了类似超大全景天窗的效果，大幅扩展了飞行员的视野。在鸟击测试中，2公斤重的冷冻鸡以800千米/时的速度撞击机头，飞机结构依然保持完好，未出现明显损坏。

此外，C919还采用了我国首次自主设计的超临界机翼。传统机翼在跨声速飞行时，空气阻力会阻碍飞机前行，导致油耗增加。而超临界机翼通过优化设计有效解决了这一问题，使C919的巡航速度提升了100多千米/时，赢得了国际同行的高度认可。

C919搭载了昂际航电的"综合模块化"航电平台，这一平台不仅减轻了飞行员的工作负担，还提升了导航性能并优化了人机界面，被公认为目前航电系统中最先进的解决方案之一。此外，C919采用了电传操纵和主动控制技术，显著提高了飞机的综合性能，改善了操作体验；同时，飞机还引入了先进的维修理念和技术，有效降低了维护成本。

C919首架投入运营的客机内部，最直观的感受是宽敞的空间。客舱高度达到2.25米，配合圆弧顶设计增强了开阔感。行李舱采用下拉式设计，即使是身材较矮的乘客也能轻松取放行李。

C919在细节设计上充分体现了人性化理念。例如，大部分飞机的中间座位通常不太受乘客青睐，但C919的中央座位宽度为18.5英寸（约47厘米），比两侧的18英寸略宽0.5英寸，提升了乘坐舒适度。此外，客舱座位间距充裕，座椅还配备了可调节靠枕，能够根据乘客身高灵活调整，充分考虑了不同乘客的需求。

中国商飞C919客机主要供应商

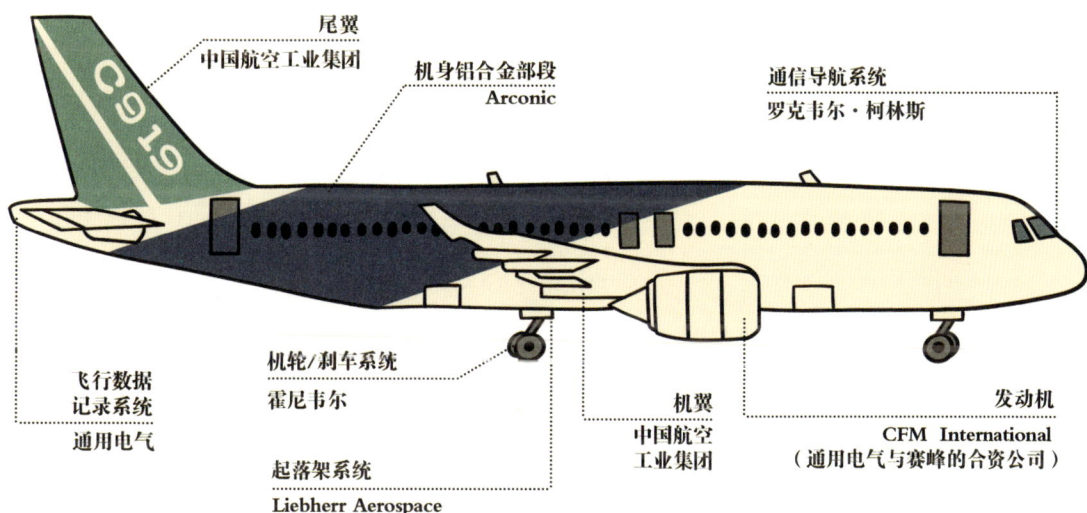

尾翼
中国航空工业集团

机身铝合金部段
Arconic

通信导航系统
罗克韦尔·柯林斯

飞行数据
记录系统
通用电气

机轮/刹车系统
霍尼韦尔

起落架系统
Liebherr Aerospace

机翼
中国航空
工业集团

发动机
CFM International
（通用电气与赛峰的合资公司）

在研发模式上，C919采用了与波音和空客类似的"主制造商-供应商"模式，即由供应商提供子系统，制造商负责整体设计和集成。民航客机作为全球最复杂的工业产品之一，涉及数十万个零部件，无法由单一公司或国家独立完成，因此国际合作和广泛采用外部供应商是行业普遍做法。目前，波音和空客也在大量外包零部件，许多主流飞机的部件均来自中国、日本、韩国等国家的代工厂商。

事实上，成功组装如此众多的零部件本身就是一项艰巨的挑战。C919飞机集成了数百万个接口，涵盖了液压、航电等多个复杂系统的交互，这不仅是一项简单的拼接任务，而是要求各系统间实现高度协同。这些系统集成的方式完全依据飞机的设计理念，而中国商飞的知识产权正体现在对这些系统集成的精妙控制上。C919的供应商网络遍布全球，包括为波音和空客供货的知名供应商，但中国商飞完全主导着零部件的选择和技术规格的制定，这彰显了中国在航空领域的自主决策能力。

尽管C919的约60%部件已实现国产化，但鉴于其面向全球市场，与波音和空客相似，部分关键部件仍由国际供应商提供，例如采用了CFM LEAP-1C发动机。不过，中国航空发动机集团正加速推进自主研发的CJ-1000A商用航空发动机，计划不久的将来将其装备于C919。

2024年9月，中国国际航空成功首航C919，标志着中国航空工业迈出了具有历史意义的一步。作为中国自主研发的首款中型客机，C919航程5000千米，完美适配国内外众多短途航线。截至2024年年底，国航已引进三架C919，并顺利运营于上海、杭州等城市间，预示着其未来将在更广阔的航线网络中大放异彩。

尤为值得一提的是C929，这款正在规划中的宽体客机，被视为中国航空工业的又一力作。C929设计载客量280人，航程远达12000千米，预示着它将与波音787和空客A330等国际航空巨头展开正面较量。2024年11月12日，中国国际航空股份有限公司与中国商用飞机有限责任公司签署了框架协议，正式确认国航将成为C929的全球首家用户。

从C919到C929的推出，清晰展现了中国商飞在产品谱系化布局上的深远考量。谱系化发展不仅意味着新机型的不断涌现，更在于构建一个技术先进、资源共享的高效体系。借助持续的技术革新与市场反馈，这些机型将在各自的目标市场中相互支撑、协同作战，共同提升中国民航在全球的竞争力。

飞机材料的选择对飞机机体结构的制造成本有着直接影响。以往，中国航空装备在材料选择上较大程度依赖进口，遵循国际体系。近年来，随着我国在新材料技术领域的不断深耕，已取得了显著成就，特别是在航空新材料的研发上取得了重要突破。尽管如此，当前中国航空新材料产业的整体实力与国际先进水平相比仍存在一定差距，未来还需持续努力以缩小这一差距。

钛金属凭借其低密度与高比强度的独特优势，在航空航天领域占据重要地位。随着飞机推重比要求的不断提升，钛合金在航空领域的应用愈发广泛，同时也在军工、化工、冶金、医疗及体育休闲等多个领域展现出广泛应用前景。

我国自主研发的Ti-60合金，能在600℃高温环境下稳定工作，展现出卓越的热稳定性、高温蠕变性能及优异的抗氧化性。这是通过科学添加适量的Al、Sn、Si元素实现的，显著提升了钛合金在高温条件下的综合性能。

自20世纪70～90年代，我国成功研制了一系列高强度结构钛合金，其抗拉强度高达1100～1300兆帕。21世纪后，我国又成功研发了两种具有代表性的β钛合金——近β钛合金Ti-B18和亚稳定β钛合金Ti-B20，前者抗拉强度为1150～1350兆帕，后者抗拉强度为1200～1600兆帕。

在阻燃钛合金领域，我国同样取得了显著成果。经过长期深入研究，我们成功设计了多个阻燃钛合金系列，如Ti-V-Cr-Al、Ti-Mo-Cr-Al

及Ti-Mo-V-Cr-Al等，并结合计算机模拟技术对其抗燃烧机理进行了深入分析。此外，参考美国、英国、俄罗斯等国的阻燃钛合金体系，我们进一步研发了TF1（Ti-V-Cr-C系）和TF2（Ti-Cu系）阻燃钛合金，并自主研发的β型阻燃钛合金Ti-40（Ti-V-Cr-Si），其阻燃性能和力学特性均表现优异。目前，该合金的研究已从实验室阶段逐步迈向半工业化生产，成功制备出吨级铸锭、大规格棒材以及环锻件。

尽管我国在钛及钛合金材料的研发领域已取得了一定成果，但与全球航空制造强国相比，仍存在不小的差距。主要问题体现在：高端钛合金产品多以仿制为主，自主研发水平有待提升；冶金质量波动较大，品种和规格相对匮乏；相关配套技术的研发进度也相对缓慢。因此，我国在航空领域对钛合金的应用相对有限，其应用比例尚不足20%，远低于国际平均水平。为改变这一现状，我们必须加大自主研发力度，着力提升高端钛合金的研发水平，并积极拓展其在航空领域的应用范围。

人工智能技术的使用

C919作为我国自主研发的一款全新先进的大型客机，融合了众多前沿技术。以下是与人工智能紧密相关的技术亮点。

① 飞行控制系统：C919采用了与空客A320neo相似的FLY-BY-WIRE技术（电传操纵技术），这是一种高度智能化的数字飞行控制系统。借助先进的算法与控制逻辑，FLY-BY-WIRE技术能够实现更为精确、

高效的飞行控制与保护，从而显著提升飞行安全性。

② 机载数据分析与处理系统：基于大数据分析与深度学习算法，C919具备强大的实时数据采集、传输与分析能力。该系统能够实时监测飞机的性能与状态，及时发现潜在问题，有效降低故障风险，进一步提升飞行安全性。

③ 机器视觉系统：C919还配备了机载摄像头与先进的计算机视觉技术，用于对起落架、机翼等关键部件进行实时监测与故障检测。这一技术的应用，确保了飞机在飞行过程中的正常运行，提升了飞行的可靠性。

④ 人机交互系统：该系统融合了智能化的显示界面与语音交互技术，旨在提升飞行员的工作效率与安全性。通过智能化的交互方式，该系统有效减轻了飞行员的操作负担，使飞行体验更加便捷。

飞机的终极形态会是什么样子呢？天空中的飞机不再有传统机身与机翼的分割，而是呈现出一体化的流线型优雅剪影。

你是否曾在星空下幻想过一艘如《星际迷航》中"联邦星舰企业号"般的科幻飞船，穿越浩瀚的星辰迅速升空？现在，这不再只是幻想。美国空军正朝着这一梦想迈进，他们正在全力推进一种名为混合翼机体（BWB）的研发。这一创新理念映射出航空行业的未来，开启了飞行的新纪元——从传统到革新，"钢铁巨鸟"到"流线飞翼"的跨越。

传统飞机的机身和机翼各自独立，机身承担载客与运输的功能，机翼则提供升力。然而，混合翼机体的出现彻底颠覆了这种设计，它将机身和机翼融为一体，创造了一种全新的流线型结构。这种设计不仅带来了前所未有的飞行效率，还为航空业注入了一股美学的力量。

美国空军的"探索者"子模型机连接了理论与实践，见证着混合翼

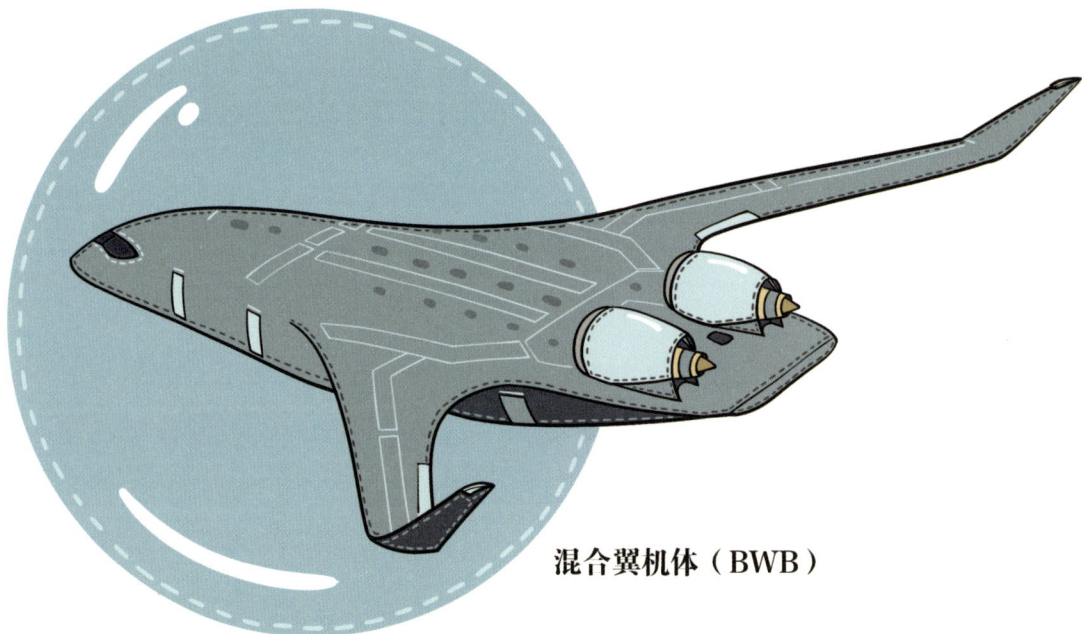

混合翼机体（BWB）

机从纸面设计到实战应用的过渡。这不仅是技术上的进步，更是人类探索未知领域的勇气体现。

子模型的测试内容涵盖了空气动力学性能、操控稳定性、材料的适应性等。要想将混合翼机体的优势最大化，这不仅是科技上的挑战，更是人类智慧和勇气的体现。然而，在通往未来的这条路上，混合翼机体同样面临着多个技术瓶颈。我们必须认识到，这些瓶颈犹如登山者在攀爬陡峭岩壁时遇到的困难，挑战着每一位研究者。

首先，第一个挑战便是控制难题。混合翼机体的独特设计可能会导致飞行过程中，特别是在低速或高负载时，操控稳定性出现问题。因此，如何确保飞机在各类飞行状态下的可控性，仍然需要大量实验和验证。

其次，是材料选择的问题。为了达到理想的轻量化与高强度，复合材料的选择至关重要。美国空军正在测试新型纳米材料，希望在强度与重量之间找到一个完美的平衡。

最后，混合翼设计面临着维修和生产成本的挑战。要将如此复杂的设计投入量产并实现经济高效，是否可行仍是一个大问号。然而，从长远来看，若能够通过提升燃油效率，弥补初期的研发成本，那么这将是一次"经济与技术双赢"的突破。

混合翼机体不仅代表着军事科技的新突破，它在商业航空领域的潜力同样令人瞩目。随着全球对绿色环保的呼声不断高涨，混合翼机体的问世将为航空业带来全新的选择。未来的商用飞机将会是什么样的？凭借其卓越的燃油效率和长航程，混合翼机体必将成为跨洋飞行的首选，成为"环保先锋"，引领航空行业的新潮流。

在军事领域，混合翼机体同样展现出极大的优势。它的灵活性使其能在空中支援、快速运输等多种任务中表现出色，大大提升作战效能。这种机型如同"游龙腾云"，精准而高效地完成任务，给战斗带来更多可能。

未来的全尺寸混合翼机体将在蔚蓝的天空中翱翔。这不仅是科技的重大突破，更是人类追逐天空梦想的新篇章。你能想象，在那个时刻，我们的天空将会呈现出怎样的壮丽景象吗？你是否为这样的未来感到兴奋？每一次梦想的实现与实践，都带领我们不断攀登新的高峰，探索那些尚未触及的无垠蓝天。

飞行模拟体验

　　飞行员的职业魅力无法抗拒，你想亲身体验一番吗？"飞行模拟体验"展品（位于中国科技馆主展厅二层"探索与发现"B厅南侧）将带您进入飞行员的世界，让您体验驾驶飞机的真实感受，了解飞行的科学原理，并亲身感受飞行的魅力与挑战。该展品模拟了波音737飞机驾驶舱内的环境。驾驶舱内部装有各类飞行仪表和控制系统，包括仪表板、显示器、操纵台等，用于获取飞机的速度、高度、姿态和航向等重要数据，以及控制飞机的飞行状态；舱内的座椅符合人机工程学设计，确保飞行员安全操作；面前的风挡玻璃作为飞机的"眼睛"，为飞行员提供良好的视野。"飞行模拟体验"展品可以让观众身临其境地体验飞机起飞、飞行、降落的全过程，观众身处模拟驾驶舱中，通过控制操纵台来改变飞机的飞行姿态，观察风挡玻璃上呈现的画面并进行实时调整，最终安全落地。

展品：飞行模拟体验

近年来，中国航空工业的显著进步震撼了全球航空界。两款六代机的亮相、多款无人机技术的飞跃，以及轰−20的呼之欲出，无不激发着外界对中国航空产业未来蓝图的无限遐想。业内专家与军事爱好者认为，2025年或将见证中国航空工业发展的辉煌时刻。

两款六代机在设计理念与技术革新上实现了质的飞跃，无垂尾翼身融合飞翼布局的采用，大幅提升了气动效率与隐身性能。加之全频段隐身技术与先进人工智能系统的加持，六代机能够在各种雷达频段下保持低可探测性，作战能力得到空前提升。AI系统的融入，更是让六代机能够即时处理战场数据，提供详尽而精准的战场态势感知，极大增强了作战效能与灵活性。

六代机的成功研发，不仅彰显了中国在航空科技领域的创新实力，更预示着未来空战格局的深刻变革。传统雷达探测与导弹打击手段在面对六代机时将面临严峻挑战，未来的作战将更加倚重信息优势与态势感知能力。这无疑将推动全球各国在空天信息领域的激烈竞争与投入，推动航空工业技术的不断革新与突破。

与此同时，中国的无人机技术同样在迅猛发展，赢得了全球范围内的广泛关注。随着全球无人机市场的持续扩张，中国民用无人机市场更是展现出惊人的增长潜力。预计到2029年，中国无人机市场规模将突破6000亿元大关，年均增长率高达25.6%。这一快速增长的背后，是中国在无人机技术领域的持续创新与应用领域的不断拓展，展现了中国航空工业在多元化发展道路上的坚定步伐。

在技术层面，中国在飞行控制、导航定位、载荷搭载及通信传输等核心领域取得了显著进展。人工智能与机器学习技术的飞跃，进一步推动了无人机的智能化进程，使其拥有了更高水平的自主飞行、精准避障、高效目标识别及任务执行能力。这些技术的广泛应用，极大地促进了无人机在影视制作、地理测绘、安全监控、石油天然气勘探、竞技娱乐以及电力巡检等多个行业的深入渗透，展现了其巨大的市场潜力和非凡的商业价值。